审辩式思维

谢小庆 著

学林出版社

前　言

　　2015 年 12 月 7 日 18 时,北京市首次发布空气重污染红色预警,全市于 12 月 8 日 7 时至 12 月 10 日 12 时实行一系列严格管控举措:机动车单双号限行,中小学停课,公车基本停驶,重型车辆禁止上路,室外施工停止作业。雾霾,正在成为困扰中国经济发展和国民健康的严重问题。

　　雾霾来自哪里?

　　今天,中国人口占世界总人口的 20.9%,中国国土面积占世界各国总面积的 7.2%。但是,中国钢产量占全球钢产量的 46.3%(2012 年数据);中国煤炭产量占全球煤炭产量的 48.3%(2011 年数据);中国造船吨位占全球总吨位的 41%(2012 年数据);化肥行业的主要产品是尿素,中国尿素产量占全球尿素总产量的 45%(2009 年数据)。

　　显然,雾霾是高资源消耗、高污染、劳动密集、低技术含量的产业在中国经济中比重过大的后果,是中国产业结构不合理的后果。

　　2015 年 11 月 3 日公布的《中共中央关于第十三个五年规划的建议》中写道:"发展不平衡、不协调、不可持续问题仍然突出,主要是发展方式粗放,创新能力不强。"习近平总书记说:"加快推进经济结构战略性调整是大势所趋,刻不容缓。"李克强总理说:"要以转变经济发展方式为主线,以调结构为着力点。"

　　产业结构升级,要靠创新型人才。没有人才,没有想象力,没有创新性,调整经济结构就是一句空话。遗憾的是,我们的教育系统至今尚不能为创新人才的成长创造十分有利的条件。2005 年 7 月 29 日,钱学森同志当面向温家宝总理讲:"中国没有完全发展起来,一个重要原因是没有一所大学能够按照培养科学技术发明创造人才的模式去办学,没有自己独特的创新的东西,老是'冒'不出杰出人才。这是很大的问题。"2010年5月4日,温家宝总理在北京大学参加"五四"纪念活动时讲:"'钱学森之问'对我们是个很大的刺痛。"正是由于认识到今日中国所面临的问题,习总书记呼吁:"创新! 创新! 再创新!"

国际教育界已经形成共识:创新始于对成说的质疑,审辩式思维(critical thinking)是创新型人才最重要的心理特征。教育最重要的任务之一是发展学生的审辩式思维,审辩式思维是非常值得期许的、核心的教育成果。在许多教育文献中,高度强调发展学生的"审辩—创新思维"(critico-creative thinking 或 critical & creative thinking)。对世界各国教育均有所了解的人几乎都有一种共同的感受:与发达国家相比,今日中国缺乏的就是审辩式思维。

审辩式思维不仅是创造的源泉,也是理性和民主社会的基础。互联网上的"左""右"两派都普遍存在缺乏审辩式思维的严重问题,不讲逻辑、激情四射,开口闭口"脑残",这是"公知"和"愤青"的通病。

由于缺乏审辩式思维,许多人相信存在唯一的正确答案,相信自己所摸"大象"的经验是唯一真实的经验。于是,他们为了捍卫自己的一个乌托邦、一个梦想、一个"真理",产生了激烈的冲突,甚至从网上的互殴发展到网下的"约架"。

具有审辩式思维的人能够理解:对于一个理论、一个观点的论证,不是一个可以立即得到答案的实验室研究,不是一场可以立即决出胜负的球赛。辛亥革命已经过去了百年,它对于中国现代化进程的影响仍然是争论激烈的话题。"五四"已经过去了近百年,它对于中华民族文化建设的正面和负面影响仍然是学术界争论激烈的话题。"罗斯福新政"已经过去了 80 年,经济学界和政治学界对其得失成败仍然存在巨大争议。审辩式思维者知道:一个新理论、新观点被接受,一个旧理论、旧观点被放弃,往往是一个漫长的过程,往往是一个旷日持久的论证过程。持有某种观点的人完全将自己的论辩对手说服的情况很少,持有某种观点的人将所有的论辩对手说服的情况也很少。

审辩式思维的要义是:对自己的真理要真诚,陈述自己的真理要旗帜鲜明,坚持自己的真理要勇敢;对别人的真理要包容,攻击别人的真理要谨慎。

纽约的"9·11恐怖袭击"、巴黎的"11·13恐怖袭击"、乌鲁木齐的"7·5暴恐事件"、昆明的"3·1暴恐事件"……所有这些,都显示出极端主义和恐怖主义已经构成人类的新威胁。而那些缺乏审辩式思维的人,那些对"他人的真理"不尝试予以理解、予以包容的人,很容易成为极端主义或极权主义的俘虏。

因此,发展学生的审辩式思维,应成为包括小学、初中、高中、大学、研究生等各个学习阶段的重要学习内容和学习目标,是包括语文、数学、物理、化学、历史、政治等在内的各个学科的重要教学任务和教学目标。

提高国民的审辩式思维水平,不仅有利于创新型人才的成长,也有利于理性民主社会的建立。民主不仅是一种政治制度,更是一种国民素质。依靠那些不具有审辩式思维的人,依靠那些对自己的真理不真诚、言不由衷、阳奉阴违、不敢坦承、不敢坚持的人,依靠那些对别人的真理不包容、拍砖抡棒、杀气腾腾的人,不可能真正推动中国的民主化进程。

在这本书中,我们讨论了什么是审辩式思维,审辩式思维应当怎样培养、怎样测量,并提供了许多发展学生审辩式思维的案例。我们希望这本书可以为教师、家长提供参考,帮助他们发展学生、子女的审辩式思维。

目　　录

上篇　审辩式思维概论

下篇　审辩式思维论证举例

上篇 审辩式思维概论

第一章 引 论

第一节 审辩式思维的概念和发展过程

审辩式思维一词最早是由美国学者格拉泽尔(Edward Glaser)于1941年提出的,格拉泽尔认为:"在一个人的经验范围内,有意愿对问题和事物进行全方位的考虑,这种态度就是审辩式思维。""审辩式思维是合乎逻辑的有关质疑和推理的方法,以及运用这些方法的技能。"

在我国学术界,"Critical Thinking"也被译为"批判性思维"。许多人已经意识到"批判性思维"不是一个很准确的翻译,与英文原意存在较大的距离,提出了不同的中文译法,主要有:

评判性思维 (中国教育学会外语教学分会理事长龚亚夫)

审辩式思维 (美国密西根大学汉语教学部主任刘葳)

明辨性思考 (香港立法局议员、前保安局局长叶刘淑仪)

分辨性思考 (叶刘淑仪)

严谨的思考 (叶刘淑仪)

明辨性思维 (香港教育评议会副主席何汉权)

辨识性思考 (井冈山大学教育学院王婕)

明审性思考 (香港专栏作家古德明)

慎思明辨 (台北市文化局局长龙应台)

中国逻辑学会应用逻辑专业委员会主任、中国逻辑学会秘书长杜国平教授通过文献调研和问卷调查,深入讨论了这一概念的汉译问题,认为翻译为"审辩式思维"较为合适。"审辩式思维"是美国威斯康星大学华裔英语教授宋明国提出的,"维基百科"中文版采用了这一译法。

"维基百科"英文版中关于审辩式思维的介绍是:"审辩式思维是一种判断命题是否为真或是否部分为真的方式。审辩式思维是我们学习、掌握和使用特定技能的过程。审辩式思维是一种我们通过理性思考达到合理结论的过程,在这个过程中,包含着基于原则、实践和常识之上的热情和创造。审辩式思维的源头在西方可以追溯到古希腊时期苏格拉底的方法,在东方可以追溯到古印度佛教的《卡拉玛经》(一部以倡导怀疑精神为突出特色的经典)和《论藏》等佛教经典。审辩式思维对一个人在教育、政治、商业、科学和艺术等许多领域内的发展都会产生重要的影响。"

审辩式思维研究可以上溯到美国民主主义教育的开山人杜威(John Dewey)。20世纪20年代,杜威就倡导这样的思维模式,当时他称之为"反省性思维"(reflective thinking)。杜威深入探讨了这种思维模式的性质和结构,理清了这种思维模式与形式逻辑和语言之间的关系,并且指出,概念、判断、分析、综合、理解、推理、假设、检验等,是反省性思维能力的基本要素。杜威的研究,启发和推动了美国教育界和心理学界关于思维方式的研究。

第二次世界大战以后,一些美国教育学者开始关注儿童的审辩式思维。20世纪末,"审辩式思维"成为美国教育领域中谈论最多的话题之一,成为使用频率最高的教育词汇之一。

在2002年以前,美国的GRE考试包括言语、数量和分析三个部分。在2002年10月推出的新GRE中,原有的分析部分被放弃,增加了"分析性写作"部分。在ETS官网上对"分析性写作"部分的说明是:这部分内容"测试审辩式思维和分析性写作技能,尤其是清晰、有力地表达和论证复杂思想的能力"。

2005年,美国的学术评价测验(SAT),进行了一次大的改革,改革的内容之一是将原来的"言语"(verbal)部分改为"审辩式阅读"(critical reading)。

美国70%的本科学位由美国州立大学联盟(AASCU)和公立大学联盟(APLU)的520所公立大学颁发。AASCU和APLU为了对高等教育水平进行评估,尤其是为了对高等教育的毕业生水平进行评估,于

2006 年共同推出了一个"自愿问责系统"(VSA)。VSA 为成员院校提供了一个进行高等教育评估的服务平台。在 VSA 中,定义了 4 项"核心教育成果"(CEO):审辩式思维、分析性推理、阅读和写作。美国互相竞争的两大考试机构 ETS 和 ACT 共同承担了 VSA 系统的 CEO 考试任务。在 ETS 测查 CEO 的考试"ETS 能力透视考试"和 ACT 测查 CEO 的"大学学术能力评估"中,都将审辩式思维作为重要的考试内容。

人们已经认识到,具有审辩式思维能力是创新型人才的重要心理特征,教育最重要的任务之一是发展学习者的审辩式思维能力。

第二节　关于审辩式思维的学术共识

20 世纪 90 年代,鉴于人们关于"何为审辩式思维"言人人殊,美国哲学学会面向哲学和教育领域的专家,运用德尔菲方法(Delphi Method)对"何为审辩式思维"进行了研究。

德尔菲方法又称专家规定程序调查法,是社会科学研究中经常使用的一种有效的研究方法。该方法主要由调查者拟定调查表,按照既定程序,以函件的方式分别向专家组成员进行征询;而专家组成员又以匿名的方式通过函件提交意见。经过多轮反复征询和反馈,专家组成员的意见逐步趋于集中,最后获得具有共识的集体判断结果。

此次研究的调查对象包括 46 名相关领域的权威专家,共进行了 6 轮反馈修订。

研究结果表明,相关领域的专家们就"何为审辩式思维"达成的共识是:

> 审辩式思维是有目的的、不断自我调整的判断。这种判断表现为解释、分析、评估、推论,以及对做出判断所依据的证据、概念、方法、标准和其他必要背景条件的说明。审辩式思维是最基本的探索工具。因此,审辩式思维是教育的解放力量,是一个人个人生活和公共生活的强大资源。审辩式思维不只是一种良好的思维能力,它是无处不在的、自我调整以适应环境的人类现象。

　　理想的审辩式思维者通常具备下列特质：好问，见多识广，信赖理智，思想开明，灵活，评价时保持公正，直面个人偏见，谨慎判断，三思而行，能够理解问题所在，有条理地处理复杂事物，不懈查找相关信息，理性地选择判断标准，专注于探索，在主客观条件允许的范围内精益求精。

　　审辩式思维的发展包括认知技能和人格气质两个方面，后者不仅是持续钻研的动力，更是理性和民主社会的基础。

　　这项研究认为审辩式思维包含"认知"和"气质"两个维度。

在认知方面，包括 6 项核心认知技能和 16 项子技能（表 1）

表 1　审辩式思维包含的 6 项核心技能和 16 项子技能

核心技能	子技能
1. 解释	1. 归类
	2. 意义解码
	3. 意义澄清
2. 分析	4. 观点检测
	5. 论证确认
	6. 论证分析
3. 评价	7. 命题评估
	8. 论证评估
4. 推论	9. 证据查证
	10. 猜测替代方案
	11. 导出结论
5. 阐释	12. 说明结果
	13. 过程判断
	14. 展示论证
6. 自我调整	15. 自省
	16. 自我纠错

关于 6 项核心认知技能和 16 项子技能的具体描述如下：

核心技能 1 解释（Interpretation） 对于广泛领域的各种经验、情景、事实、数据、事件、判断、约定、信仰、规则和准则，能够理解和表达其意义和内涵。

子技能 1 归类（Categorization） 以适当的方式对经验、情景、信仰、事件等进行描述，将其纳入适当的类别或框架。例如：不带偏见地认定问题及其特征，以有效的方式对信息进行分类，就特定情景下取得的经验提供可以理解的报告，使用适当的分类方式对数据、发现、评论等进行归类。

子技能 2 意义解码（Decoding Significance） 对对象进行检测、关注和描述。对象可以是信息内容，也可以是情感意愿、指示性功能、意图、动机、目标、社会意义、价值、观点、规则、程序、准则，以及由约定的交流系统表述的可推断的关系，它可以是语言，也可以是社会行为、图表、数字及其他符号标记。例如：通过提问来推断或描述一个人的目的，领会一定社会情境中的某个特定表情、手势或肢体动作的意义，理解辩论中的反讽和夸张的问题，解释那些以一定的手段、形式表述或展示的数据。

子技能 3 意义澄清（Clarifying Meaning） 以限定、描述、比喻或形象化表达的方式对对象文本意义、通行意义或倾向意义进行重述或澄清，这些对象包括词语、观点、概念、陈述、行为、数字、图表、符号、规则、事件、仪式等。以限定、描述、比喻或形象化表达的方式消除可能存在的歧义、含混、模棱两可等，设计合理的程序来消除这些歧义和含混。例如：在保持原意的基础上以不同的词语、表述对一个人的话进行重述，举例说明一个观点，清楚区分两个不同的概念从而消除表达中的歧义等。

核心技能 2 分析（Analysis） 确认对象之间预期的或实际的可推断的关系，这些对象包括陈述、问题、概念、描述，以及其他表达信念、理念、判断、经验、原因、信息或评论的呈现方式。

子技能 4 观点检测（Examining Ideas） 判定在论证、推理或说服的情景中不同表达所起到的作用或可能起到的作用，定义术语，对观点、概念或陈述进行对照比较,确认问题所在并判定构成问题的各个组成部分、各个部分之间的关系以及各个部分与整体的关系。例如:确认某种措词易于得到听众的同情并使某种观点获得支持,仔细检查关于问题解决方案的种种意见之间的异同,尝试将一个复杂问题分解为若干个相对比较容易解决的小问题,定义抽象概念。

　　子技能 5　论证确认(Identifying Arguments)　判断一组陈述、描述、问题或图表对某种观点能否提供支持或能否构成反驳。例如:给定一段话,判断在上下文背景中它的发表方式和发表地点是否暗示了某个观点,是否对某个观点提供了支持;根据报纸中的一则社论,判断作者的观点,判断他对某种观点持支持还是反对态度;给定一则商业声明,确认在为其提供支持的理由中包含了哪些预先的要求。

　　子技能 6　论证分析(Analyzing Arguments)　当一些理由被用于支持或反驳一个命题、评论或观点的时候,需要确认并区分:(1)主要结论;(2)支持主要结论的前提和预设;(3)支持前提和预设的前提和预设;(4)其他的隐含推理因素,包括一些中间结论、隐含假设等;(5)论证的整体结构和论证链;(6)所有论证可能涉及的因素以及这些因素对于论证所产生的背景作用。例如:给定一段简短的论证,或者一篇关于引起争议的社会问题的立场文件,确认作者的主要观点,确认作者为了论证自己的观点所提出的理由和前提,确认这些理由和前提的背景信息,确认作者论证过程中的关键假设;当论证中存在多个推论过程和存在支持特定结论的论证链条的时候,使用图表的方式清晰、形象地展现论证思路和推理过程。

　　核心技能 3　评价(Evaluation)　评估相关陈述的可信性,这些陈述一般描述了感知、经验、情境、判断、信念或评论;评估相关的陈述、说明、提问或其他形式表达之间实际或可推断的关系的逻辑强度。

　　子技能 7　命题评估(Assessing Claims)　识别那些与评估信息来源可信度相关的事实,对特定情境中问题、信息、原则、规则和程序性指令之间的关系进行评估,对各种有关经验、情境、判断、信念或评论的可接受性、可信度和真实性进行评估。例如:识别那些使得某人成为特定事件可信的目击证人或特定话题的可信权威的事实,判定在特定环境中根据特定原则做出的决定是否可行,根据已知事实和合理推断判断特定命题的真伪。

子技能 8　论证评估(Assessing Arguments)　判断一个论证所包含前提的可接受性是属于真(演绎确定)还是似真(归纳判断),判断这种可接受性是否证明了该论证表述的结论;预料到可能的质疑和反对,评估这些质疑能否实质性地削弱论证的结论;判断论证是否基于可疑或可议的前提假设之上,并评估这种不确定性对结论可信性的影响程度;判断推论是合理的还是错误的;通过判断前提和假设的论证效力来确定论证结论的可接受性;从预期结果能否实现的角度对论证结论的可接受程度进行评估;评估可能的补充信息将在多大程度上加强或削弱结论的强度。例如:给定一个论证,根据其赖以建立的前提,判断其结论是属于确定性结论还是一个具有很高可能性的或然性结论;发现形式化的(formal)和非形式化(informal)的谬误;评估一个质疑的逻辑强度;评估类比论证的质量和适用性;评估一项假设检验或因果推理的逻辑强度;判断一个推论与当下面临的问题是否有关、有用或有意义;判断一项新信息能否有力地支持或证伪一个观点。

核心技能 4　推论(Inference)　识别并确认那些获得合理结论的必需要素;提出猜想和假设;考虑相关信息,根据事实、陈述、原则、证据、判断、信念、评论、概念、描述、提问等导出结论。

子技能 9　证据查证(Querying Evidence)　识别出需要得到支持的前提,构造一个收集支持信息的策略框架;理解对一个观点、难题、理论、假设或陈述而言,哪些信息对于做出选择是重要的,理解这些信息的价值,理解这些信息的可接受性和普乐好性(plausibility)①,并且可以制定出获取信息的适当调查策略。例如:为了有力地论证自己的观点,判

---

　　①　"普乐好"是 plausible 的汉译,"普乐好性"是相对应的名词 plausibility 的汉译。"普乐好"是审辩式思维中的一个重要概念。在现有的汉语文献中,被翻译为可能性、可行性、可接受性、合理性、合情性、似真性、或真性、自适可行、貌似合理、相对较佳等等。在特定的语境(context)中,这些翻译都可能成立。但是,在汉语中目前很难找到一个相应的词,在大多数的语境中都能够成立。在英语中与"普乐好"最接近的近义词是"好"(good),二者都包含肯定、赞赏的意思,在肯定的程度上,"普乐好"稍弱于"好"。本书采用了"普乐好"和"普乐好性"的译法。

断哪些背景信息是有用的,并制定出获取这些信息的计划,力求就能否获得这些信息做出明确判断;一旦判定某种缺失的信息对于决定一个观点是否有合理性是有意义的,提出一个能揭示该信息是否可获取的计划。

子技能 10   猜测替代方案(Conjecturing Alternatives)   为解决问题制定多个备选方案,对一个问题提出多种可能的推测,对一个事件提出备选假设,为实现目标提出各种不同的计划;拟定前提,提出各种不同的决策、立场、政策、理论或信念导致的可能后果的范围。例如:针对一个与技术、道德或预算有关的问题,提出一套包括多种候选方案的解决办法;给出一组关于解决问题的优先次序的建议,并说明各个不同的优先次序会带来的困难和收益。

子技能 11   导出结论(Drawing Conclusions)   采取适当的推理模式,决定对待一个问题的立场、意见或观点;根据一组关于事实的陈述、描述、问题或其他表现形式,以足够的逻辑强度,推导出它们的推理关系,以及它们支持、证明、暗示或必需的结果或前提;有效运用各种次级推理方式,如类比、计算、辩证法、科学验证等;根据已知的确定事实,判断哪些结论可以得到最强的证明或支持,哪些结论难以被接受,哪些结论不属于普乐好的(plausible)一项。例如:借助科学实验和统计分析的方法验证或证伪某一经验假设;对于一项争议,充分考虑各种互相冲突的意见和各自依据的理由,收集相关信息,形成自己的看法;根据预设的规则演绎基于公理的定理。

核心技能 5   阐释(Explanation)   说明自己的推理结果,从证据、概念体系、方法论、评价标准和问题背景等多种角度评估导出结论的合理性,以有说服力的方式呈现自己的论证推论过程。

子技能 12   说明结果(Stating Results)   准确地陈述、描述或展示自己的论证结果,以便分析、评估、推导和审视这些结果。例如:说明持有某一观点的理由;为了将来的使用,记录下当下对一些重要的、复杂的问题的想法;陈述自己的研究发现;表达自己对于一件艺术品的分析和判断;陈述自己对具有现实紧迫性的问题思考后的意见。

子技能 13   过程判断(Justifying Procedures)   展现自己在解释、

分析、评估或推论的过程中使用的证据、概念体系、方法论、评价标准和问题背景，从而使自己和他人都可以准确地记录、评估、说明或判断这些论证过程，并补救执行过程中可能存在的瑕疵。例如：保留整个过程中各个步骤的完整记录，这可能是一个漫长而困难的过程；解释自己在数据分析过程中选择某一统计检验方法的原因；说明评价某一文献的标准；当一个概念的清晰界定在进一步的讨论中非常重要的时候，解释自己对这一重要概念的理解；说明使用某一给定技术的先决条件已经得到满足；报告以合理方式做出决定的思路；设计图表来展示作为证据的定量信息和空间信息。

子技能 14　展示论证（Presenting Arguments）　说明接受某一结论的原因；从推理判断、分析判断、评估判断所采用的方法、概念体系、证据、标准及语境的适切性等各个方面回应异议。例如：撰写论文为某一立场、政策辩护；预估可能的反对意见并做出适当的回应；对个人非常关注的问题，提出正反两面的证据作为对自己或他人思考的辩证性证据。

核心技能 6　自我调整（Self-regulation）　自觉地监控自己的认知活动，监控这些活动中包含的要素和活动的结果，注意分析和评估自己在这些活动中的推理判断过程，对自己的推理过程和推理结果进行质疑、确认、验证，并及时纠正。

子技能 15　自省（Self-examination）　反省自己的推理过程，确认论证结果的准确性以及认知技能运用的正确性；以元认知（meta-cognitive）的方式对自己的观点和推理过程进行客观、审慎的自我评估；判断自己的思想在多大程度上受到知识不足、成见、偏见、情感等妨碍认知客观性和合理性的因素的影响；对自己的动机、价值观、态度和兴趣进行反省，确保自己在进行分析、解释、评估、推论和表达的时候，能够保持公平、公正、全面、客观、尊重事实、尊重真理、尊重理性。例如：考察一个人在对待有争议的敏感问题时，是否会受到个人偏见和私利的影响；反思自己的研究方法和计算方法是否存在误用和无意的失误；复查原始资料以保证未遗漏重要信息；对构成观点的事实、意见和假设的可接受性进行确认；对导出结论的理由和推理过程进行检查和确认。

子技能 16　自我纠错（Self-correction）　当发现错误或缺陷的时

候,设计合理的程序对错误进行修补和纠正。例如:如果在自己的工作中发现了研究方法方面的错误或事实上的缺陷,立即进行修正以改正错误,并检查是否需要对基于这些有缺陷理据之上的立场、结论或意见进行修正。

在气质方面,审辩式思维表现在两个方面,一是对待生活的一般态度,二是对特定问题的处理方式

一、在对待生活的一般态度方面,具有审辩式思维的人表现为:

1. 对广泛的问题怀有探究欲和好奇心;

2. 努力保持自己具有广泛、畅通的信息来源;

3. 对各种能使用审辩式思维的机会保持警觉;

4. 信赖理性探索的过程;

5. 对自身的推论能力保持自信;

6. 对各种不同的世界观保持开放的心态;

7. 在考虑各种替代方案和观点时具有灵活性;

8. 能够理解其他人的意见;

9. 在评价论证时保持公平公正;

10. 能够诚实地面对自己可能存在的偏见、成见、思维定势、刻板印象、自我中心倾向和社会中心倾向;

11. 在做出决定和改变决定时保持谨慎;

12. 经过诚实地反思,发现必须做出改变时,能够重新思考并修正自己的观点。

二、在面对特定问题时,具有审辩式思维的人表现为:

1. 清晰地陈述问题;

2. 有条理地处理复杂的问题;

3. 尽力收集最全面的信息;

4. 合理地选择和运用评价标准;

5. 可以将注意力集中于当下的问题;

6. 面对困难具有坚韧性;

7. 在主客观条件允许的情况下精益求精。

第三节　本书作者对审辩式思维的认识

参考相关文献,经过深入讨论和思考,本书作者对"何为审辩式思维"逐渐形成了自己的看法。

如果用最简单的表述来回答,是12个字:

不懈质疑,包容异见,力行担责。

更完整的回答是:

审辩式思维是最重要的国民素质,表现在认知和人格两个方面。其突出特点表现为:

1. 合乎逻辑地论证观点;

2. 凭证据讲话;

3. 善于提出问题,不懈质疑;

4. 反省自身的问题,对异见保持包容的态度;

5. 认识并理解一个命题(claim)具有特定的适用范围和概括化(generalization)范围;

6. 直面选择,果断决策,勇于为自己的选择承担后果和责任。

第二章　审辩式思维的理论基础

第一节　审辩式思维的哲学基础

审辩式思维的哲学基础是对 20 世纪哲学发展成果的理解,包括对库恩、波普尔、图尔敏等人的哲学研究成果的理解。

这三位重要学者影响了人们对审辩式思维和审辩式论证的认识。在思想传承和变革研究方面,主要是托马斯·库恩(Thomas Kuhn)的影响。在论证有效性概念的发展中,论证有效性研究从“标准(criterion)证明”到“证据(evidence)支持”的转变,主要是卡尔·波普尔(Karl Popper)的影响。论证有效性研究从“证据支持”到“理据(warrant)论证”的转变,则主要是斯蒂芬·图尔敏(Stephen Toulmin)的影响。

库恩:“范式”先于具体科学研究

托马斯·库恩是 20 世纪最有影响力的科学哲学家之一。库恩1922 年生于美国,他最初的研究领域是理论物理,27 岁时在哈佛大学获得了物理学博士学位。之后,他留在哈佛大学长期从事物理学的研究和教学工作。

在攻读物理学博士学位时,偶然的因素使库恩对科学史产生了兴趣。他发现,新、旧两种不同的力学理论体系,在不同的历史时期,都能得到一些观察事实和实验结果的支持,都能解决一些实际问题。但是,对于同样的事实,不同的力学体系却给出了完全不同的解释。亚里士多德的力学体系与牛顿力学体系的关系是这样,牛顿体系与爱因斯坦体系的关系也是这样。

1957年，库恩出版了《哥白尼革命：西方思想发展史中的行星天文学》一书。他在书中详细地分析了哥白尼的"日心说"逐渐被接受的历史过程。他指出，宗教并不是阻碍哥白尼学说传播的主要原因，没有天文观察的事实支持是"日心说"长时间不被接受的主要原因。由于哥白尼将行星轨道设想为圆形而不是椭圆，由于没有开普勒的行星运行定律和牛顿引力定律的支持，在一个世纪的时间中，"日心说"在行星观测、日月食预测方面并没有比"地心说"更符合天文观测。

1962年，库恩出版了具有划时代意义的《科学革命的结构》一书。这本仅有180页的书在学术界和思想界产生了巨大的震动，也为库恩带来了世界性的声誉。他认为，科学的进步不仅包含科学知识的逐渐积累，不仅包含"进化"，而且还包含"范式"（paradigm）的更替，包含"革命"。渐进积累的科学进步与范式转变的科学革命是交替产生的。"日心说"取代"地心说"，牛顿力学取代亚里士多德力学，爱因斯坦体系取代牛顿体系，都是科学范式的更替过程，都是科学革命。

库恩使"范式"成为一个常用词。在库恩看来，"范式"是具体科学研究的基础，是先于具体科学研究的思想框架和信念基础。

1977年，库恩出版了《必要的张力：科学的传统和变革》一书。他在书中说："科学家并没有发现自然界的真理，他们也没有愈来愈接近于真理。""科学家怎样在相互竞争的理论之间进行选择呢？我们怎样理解进步的方式呢？……显然，解释归根结底必然是心理学或社会学的。我不信还会有另外的答案。"

库恩的著作产生了广泛的影响，使人们对科学和理性产生了新的认识，很大程度上改变了人们对科学和理性的看法。以前，人们曾经认为地心说、燃素说、热质说等是非科学的、非理性的。库恩的著作出版以后，人们认识到，这些学说也都是科学研究的结果，都是理性思考的结果，都属于"科学理论"。

波普尔：科学理论只可证伪

卡尔·波普尔也是20世纪最有影响力的科学哲学家之一。他1902年出生于奥地利，1928年在维也纳大学获得博士学位，1946年以后在英国伦敦政治经济学院任教。1959 年出版了《科学发现的逻辑》，1963 年出版了《猜想与反驳：科学知识的增长》。1965 年被英国女王封为爵士，1976 年当选英国皇家科学院院士。

波普尔思考的基本问题是：怎样判断一个理论是否属于"科学理论"。他提出了著名的"证伪原则"。他指出，任何观察事实和实验结果，都无法证明一个科学命题。例如，再多的观察事实，也不足以证明"天鹅是白的"这一命题。但是，只要有一只黑天鹅，就可以证伪这一命题。对于科学命题，证明是不可能的，但证伪是可能的。因此，凡是可能被证伪的命题，就是一个科学命题；凡是不可能被证伪的命题，就不是一个科学命题。例如，"2012 年 12 月 21 日世界末日将降临"，这是一个科学命题，因为这个命题可能被观察事实证伪；"世界末日即将降临"，这不是一个科学命题，因为这个命题不可能被观察事实所证伪。如果世界末日在 2012 年未降临，主张者可以说时间未到；如果世界末日 2100 年仍未降临，主张者仍可以说时间未到。这是一个不可证伪的命题，所以，这不是一个科学命题。科学理论不可证明，只可证伪，这种"真伪不对称性"是波普尔思想的核心。

根据"证伪原则"，现有的科学理论都属于猜测和假说，它们永远都不会被证实，但随时都可能被证伪。

根据"证伪原则"，争辩的双方都不能保证自己一定掌握真理，都可能局限于自身的经验，都可能犯错误。只有在自由讨论的基础上，才可能使人们的认识逐步地接近真相。

波普尔的重要思想贡献是对"观察—归纳"这一科学研究传统的批判。受到量子力学中"测不准原理"的启发，波普尔指出，并不存在完全客观的、中性的、独立的观察。任何观察都受到既有理论的影响，任何关于观察结果的陈述都受到既有理论和概念体系的影响。

图尔敏：同时基于形式逻辑和非形式逻辑的论证模型

斯蒂芬·图尔敏 1922 年出生于英国，1948 年在剑桥大学因数理逻辑方面的研究获得博士学位。他在剑桥大学受到的数学、逻辑学和物理学方面的良好训练，为他日后的科学哲学研究打下了坚实的基础。在剑桥学习期间,他直接得到当时在剑桥任教的罗素(Bertrand Russell)和维特根施坦(Ludwig Wittgenstein)的指导。他既受到罗素和早期维特根施坦理论的影响,看重理性和严格的形式逻辑在认识世界中的作用,也受到晚期维特根施坦理论的影响,认识到理性和形式逻辑的局限性。他1959年赴美任教,之后定居美国。1953年出版了《科学哲学导论》,1958年出版了《论证的使用》,1972年出版了《人类理解:概念的群体使用和演进》。

图尔敏最重要的著作是《论证的使用》。此书从"概率"这一概念入手,揭示了理性和形式逻辑在面对复杂的科学、社会问题时存在的局限性。他发现,仅仅借助于数学模型和形式逻辑,很难在现实生活中形成有效的论证。对于一个理论、一个观点、一个命题的论证,不是一个可能立即得到答案的实验室研究,不是一场可以决出胜负的球赛。一个新理论、新观点被接受,一个旧理论、旧观点被放弃,往往是一个旷日持久的论证过程。

图尔敏对以形式逻辑为主体的传统逻辑学进行了反思,对始于亚里士多德的以"三段论"为代表的逻辑学体系进行了反思,对罗素和怀特海(Alfred Whitehead)所进行的逻辑学数学化的努力进行了反思。他认为,逻辑学的出发点不应是符合逻辑的理论,而应是符合逻辑的实践;逻辑学不应局限于研究理想的逻辑,更应该研究工作的逻辑(working logic),更应该研究日常生活中的逻辑。他指出,那种数学化的、跨时间的、跨学科领域的逻辑远远不能满足实际生活中论证和决策的需要。他认为,逻辑学不仅需要包含形式逻辑,还需要包含非形式逻辑;不仅需要包含数学模型或几何学模型,还需要包含法学模型。

在正视理性和形式逻辑局限性的基础上,为了进行更有效的论证,图尔敏提出了一个同时基于形式逻辑和非形式逻辑基础之上的论证模型。在这个论证模型中,包含资料(datum, D)、支撑(backing, B)、理据(warrant, W)、限定(qualifer, Q)、反驳(rebuttal, R)和主张(claim, C)等6个基本要素。论证的基本过程是:资料(D)和支撑(B)共同构成了理据(W),在接受了反驳(R)之后,经过限定(Q),使主张(C)得以成立。

在认识过程中,人类面临着一个基本矛盾:一个人在某一领域的已有知识将有助于他得到新的发现；一个人在某一领域中的已有知识将阻碍他得到新的发现。一个探索者，他必须借助于传统的理论概念体系来对新的经验进行描述，必须借助于以往的理论概念来进行思考，同时，他又必须时刻怀疑原有理论，批判原有理论，努力克服原有理论造成的偏见和束缚。这种互相矛盾的思维方式在各个时代、各个领域的探索者们的头脑中统一，在他们的探索活动中交融。认识离开了传统就失去了生长的土壤，而生长必须不断战胜土地的引力，这是人类认识过程中的一个基本矛盾，认识正是在这种深刻的矛盾之中发展的。

在认识过程中，人类面临着另一个基本矛盾：我们必须借助语言来进行交流，而语言的贫乏、模糊又常常导致误解；语言既是我们表达思想的工具，又是桎梏我们思想的枷锁。正如《老子》所说："道可道，非常道；名可名，非常名。"早期，作为罗素的学生，维特根施坦曾经致力于精致的语义分析和明晰、严谨、无歧义的语言表达。晚期，维特根施坦认识到，离开使用，离开语境，语言很难获得意义。作为维特根施坦的学生，作为一个深邃的思考者，图尔敏一生都在努力探寻认识过程中保守与变革之间的普乐好妥协点，一生都在探寻认识过程中运用语言工具和突破语言桎梏之间的普乐好妥协点。他的思考，已经超出了认知层面，拓展到价值层面。"人而无信，不知其可也。"（《论语·为政》）一个人需要有信仰和信任，一个社会也需要有信仰和信任。同时，一个人也需要有怀疑精神和批判精神，一个社会也需要包容和鼓励怀疑精神和批判精神。图尔敏的一生，也在探寻着信仰与怀疑之间的普乐好妥协点。

第二节　审辩式思维的科学基础

审辩式思维是以现代科学发展为基础的，它包含对 20 世纪科学成果的理解。在人类进入 21 世纪的时候，物理学家们发现，与 100 年前相比，世界的图像变得非常复杂，远比人类进入 20 世纪时所设想的世界图像复杂得多。20 世纪的相对论、量子力学、大爆炸宇宙学等科学成果，改变了人们对世界的理解。怎样理解世界？怎样解释世界？物理学家们变得越发谨慎。他们不再谈论"真理"，而是说"科学理论"或"科学假说"。他们不再谈论"客观的世界图像",而是说"可能的世界图像"。他们不再谈论"精确测量",而是在接受"测不准原理"的前提下谈论各种可供选择的解释世界的方式。

量子力学中的一个重要观点是"测不准原理"。在量子化的微观世界中,测量结果必然会受到测量手段的影响,并不存在不受测量者影响的"客观测量"。

1988年英国科学家霍金出版了《时间简史》一书,此书中的一个重要概念是"人择原理"(anthropic principle)。对此,霍金说:"如果智慧生物观察到他们在宇宙中的位置满足那些他们生活所需要的条件,他们就不应感到惊讶,这有点像生活在富裕街坊中的富人看不到任何贫穷。"

2010年霍金又出版了《大设计》一书,此书中的一个重要概念是"依赖模型"(dependent model)。对此,霍金说:"本书非常重要的结论:不存在与图像或理论无关的实在概念。相反地,我们将要采用将其称为依赖模型的实在论观点:一个物理理论和世界图像是一个模型(通常具有数学性质)以及一组将这个模型的元素和观测连接的规则的思想。这提供了一个用以解释现代科学的框架。"

正是20世纪的科学研究成果,改变了人们眼中的物理世界图像。正是这些科学进展,使人们开始以审辩的方式来看待世界,从而对自身认识的局限性更加警惕,对自己的主张更加谨慎,对他人的不同主张更加包容。对于那些已经得到无数实践支持的科学理论(如历史上的托勒密天文学、牛顿力学等)敢于大胆地提出质疑,对于那些尚未得到实践支持的貌似荒谬的理论(如历史上的哥白尼日心说、爱因斯坦相对论等)保持宽容。

第三节　审辩式思维的东方传统文化基础

审辩式思维植根于古代东方文化

确如德国哲学家雅斯贝尔斯(Karl Jaspers)所说,在公元前500年前后,人类历史上曾有过一个东西方思想家相映生辉的"轴心时代"

(axial age)。"轴心文明"中凝聚着人类的核心价值与精神面貌，凝聚着人类最重要的宗教与哲学思想，是人类文明的"内核"，是人类文明最深层、最根本的部分。

随着人类思想的爆发式增长，东西方又各自产生了不同的特点，西方长于形式逻辑和分析性推理，而东方则长于非形式逻辑和审辩式思维。两千年后，东方人才逐渐了解西方人的分析性推理，而西方人也逐渐悟出东方人的审辩式思维。

古代东方的审辩式思维主张"博学、审问、明辨、慎思、笃行"（《中庸》），主张"中庸之为德至矣"，主张"过犹不及"（《论语》）。

古代东方的审辩式思维表现在对语言和形式逻辑局限性的认识。其典型代表是《老子》开篇的"道可道，非常道，名可名，非常名"。这种认识后来与来自印度的佛教相融合，产生了中国化的佛教支系——禅宗。在禅宗的"开口错""本来无一物"等思想中，也体现了对语言局限性的认识。

哈耶克（Friedrich Hayek）是 20 世纪最杰出的学者之一。1988 年出版的《致命的自负》是哈耶克的终结作品，当时他已经 89 岁。这本书反映了他一生思考的结果。这本书第七章的标题是"我们毒化的语言"，集中讨论语言对思想的扭曲。作者将孔子的"言不顺，则事不成；……刑罚不中，则民无所措手足"（《论语·子路》）作为这一章的题头语。可以猜想作者不熟悉《老子》。否则作为这一章的题头语，更合适的是《老子》开篇的第一句话。

古代东方的审辩式思维还表现在多进程、多元、非线性的思维方式。在老子、庄子的"弃智""绝圣"中，实际上包含了价值多元的思想，包含了后来康德思想中所包含的整体的思维方式，包含了后来哥德尔在"不完全性定理"和海森堡在"测不准原理"中所体现的非独断论的思维方式。事实上，贯穿西方思想传统的"一元独断"的思维方式至今在西方主导的全球文化领域中仍然具有巨大的影响，至今支撑着西方的文化霸权倾向，而与东方式思维桴鼓相应的审辩式思维，可以作为这种思维缺陷的救助。

审辩式思维的再发现将拓宽人类未来的道路

对轴心时代东方文化中审辩式思维的再发现,其意义不仅局限于创新型人才的培养,不仅局限于中华文化的重建,而且可能为人类作出新的贡献。

1922 年,英国哲学家和数学家罗素在对中国进行了大半年的实地考察之后,出版了《中国问题》。罗素在这本书中对中华文化有一些非常精辟的评论:

> 孔子和其后学所发展者是纯讲习伦理的一个学派,没有宗教性和独断教诫,亦就不会发展出一个有权力的教会机关并导致迫害异教徒。

> 西方文化的明显特点,我以为就在科学方法;中国文化的明显特点则是他们对人生意义的正确认识。吾人希望此二者应当逐渐结合在一起。

> 我不否认中国人在和西方相反的方向上走得太远,但正为此之故,我想东西两方的接触于彼此都会产生好结果。他们将得以向我们学取那些切合实际效用所必不可少的东西,而我们则向他们学习到某些内心智慧——这是当其他古老民族均先后衰亡以去,而他们卒赖之以独存至今者。

> 我写此书意在表明中华民族在一定意义上是比我们优越的;中国若竟为求其民族生存而降低到我们的水平,则于他们和我们都是不幸的。

> 中国独立自主的最终意义不在其自身,而在其为西方科学技术与中国凤有品德两相结合创开新局;若达不到此目的,纵然取得其政治独立抑何足贵耶?

读着罗素的这些言说,一方面折服于罗素的睿智洞见,一方面感动于罗素博大的人道情怀。

1958 年由牟宗三、徐复观、张君劢、唐君毅四位学者联署的《为中国文化敬告世界人士宣言》,反映了中国学者关于普世价值的讨论。《宣言》的结束语说:

18世纪前的西方曾特别推崇过中国，而19世纪前半的中国亦曾自居上国，以西方为蛮夷。19世纪的后半以至今日，西方人视东方之中国等为落后之民族，而中国人亦自视一切皆不如人。此见天道转圜，丝毫不爽。到了现在，东方与西方到了真正以眼光平等互视对方的时候了。中国文化，现在虽表面混乱一团，过去亦曾光芒万丈。西方文化现在虽精彩夺目，未来毕竟如何，亦尚是问题。这个时候，人类应该共通古今之变，相信人性之心同理同的精神，来共同担负人类的艰难、苦病、缺点和过失，然后，才能开出人类的新路。

读到四位学者的这段文字，我感慨万千。在中华本土文化最低迷的时候，四位学者却表现出对中华文化如此自信，让人尊敬，让人感动。在经过新中国60余年经济建设后的今天，在中国的经济奇迹使整个世界感到惊讶的今天，在人类面临资源、环境问题和文化冲突、核武器威胁的今天，在人类对自身的未来发展感到迷茫的今天，我们更有理由期待，中华传统文化中审辩式思维的再发现将拓宽人类的未来发展道路，将增加人类在这个星球上长期存活的可能性。

第三章　审辩式思维的价值和意义

第一节　作为教育革命的审辩式思维

新一轮学习革命的挑战

20 世纪 90 年代初期,我与美国的朋友通信,正常情况下单程需要 7 天,14 天后才可以收到回信,一个多月后才收到回信也不算意外。今天,我可以随时通过网络与纽约的朋友视频聊天。

2013 年 4 月 26 日—27 日,在美国国家教育测量学会(NCME)年会期间,NCME 安排资深教育测量专家们进行了长达 16 小时的专业培训,集中介绍教育测量领域的一些最新进展。这次培训课程向亚洲、非洲和南美洲的一些国家免费直播。与旧金山课堂现场的学员们一道,北京语言大学教育测量所的研究生们通过网络收看了这些培训课程。借助专用的网络教学软件,北京的学员不仅可以同步看到讲课教师和 PPT 课件,而且随时可以向讲课教师提问。

伴随计算机和网络技术的发展,一个又一个工种消失了:铅字排版、电报收发、译码……伴随计算机和网络技术的发展,一个又一个行业被颠覆了:电报、邮政、图书出版、音乐制作、大众传媒、商品零售……

互联网的威力,会指向教育吗?下一波浪潮,会冲击传统的学校吗?互联网会带来一场学习的革命吗?

2006 年 9 月,一个人只凭一台电脑创建的可汗学院,如今已拥有 1 000 万学生;2010 年 5 月,开放式在线教育网站 Udemy 创建,并在两个月内拥有 2 000 门课程和 1 万名注册用户;2012 年 2 月,计算机科学领域的网络学习社区 Udacity 创建,一个月内 9 万名学生注册,覆盖 190

多个国家;2012 年 4 月,Coursera、edX 创建,在线教育正式进入"慕课"
时代……

毋庸置疑,网络会像冲击出版、新闻、商业等领域一样,冲击学习领
域。新一轮的学习革命,正在向我们走来。伴随网络的发展,获取某种
特定知识变得越来越容易。以往,为了查找某一资料,我们可能要在图
书馆中寻找许多天,今天,借助搜索引擎,我们可以信手拈来。

不能把学习革命仅仅理解为借助新技术向学习者提供更丰富的学
习资源。这算不上"革命",充其量只是一种改善、一种改良。学习革命
的一项重要内容是加强对学习者审辩式思维发展的重视。

中国学校中广泛流行的是形成于 20 世纪 50 年代的学习方法,是深
受苏联影响的学习方法。这种形成于 20 世纪以前的"真理或谬误"的简
单思维方式,把学习过程理解为一个学生学习和掌握"科学真理"的过
程,理解为一个老师向学生传授"科学真理"的过程。事实上,在今天的
学校中讲授的许多标有"科学真理"标签的东西都是非常可疑的,而这种
学习方式,大大地摧残了学习者的好奇心,大大地打击了学习者的怀疑
精神,大大地压抑了学习者的创造性。

改变这种陈旧的学习方式,不再简单地向学生灌输特定的结论,而
是倡导研究性的学习,发展学生的审辩式思维能力,使学习成为一个探
索和发现的过程,而不仅仅是一个记忆和拷贝的过程。只有这样,才能
算是"学习革命"。

PISA 的启示

2014 年 4 月 2 日,经济合作与发展组织(OECD)公布了 2012 年国
际学生评估项目(PISA)中"问题解决"方面的测试结果。PISA 是当今
世界上影响最大、最权威的国际教育发展评估项目。

根据结果,在参加测试的 44 个国家和地区中,新加坡排名第一,日
本第三,上海第六。

在 OECD 报告中,有一些值得我们关注的深度分析结果,包括:

第一,在完成那些熟悉的、常规的、知识获得性任务方面,韩国、新加
坡以及中国上海、香港、台北、澳门等 6 个国家和地区具有明显的优势,

形成领先的第一梯队。美国、意大利、日本等国家高于平均水平,形成第二梯队。

第二,在完成那些陌生的、灵活的、需要创造性的任务方面,韩国、新加坡、美国、德国、爱尔兰、英格兰、巴西等国家具有明显的优势,高于平均水平。中国上海、香港、台北、澳门和斯洛伐克、黑山、保加利亚等国家和地区则低于平均水平。

第三,如果根据 PISA 测试中的阅读、数学和科学三个学科的成绩,来预测各个国家和地区的学生在"问题解决"方面的表现,按照与期望值的差距排名,排在倒数第一至倒数第五的国家和地区是:保加利亚、中国上海、波兰、阿联酋和匈牙利。就是说,相对于具有同等知识掌握水平的其他国家和地区,这些国家和地区学生的问题解决能力相对较弱。

在 2013 年 12 月 3 日 OECD 公布的 2012 年 PISA 阅读、数学和科学三项测试结果中,上海包揽了三项第一。但是,在问题解决方面,上海的绝对分数位居第六,相对排名则为倒数第二。

这两条互相关联的消息,值得我们关注,可以带给我们一些启发。上海并不能代表整个中国的教育发展水平。即使是上海这样教育发展较好的地区,学生的问题解决能力也不及新加坡和韩国,也存在较大的提升空间。

问题解决在很大程度上要依赖审辩式思维,为了提高问题解决能力,需要注重发展学生的审辩式思维。在 2012 年 PISA 的问题解决测试中,新加坡名列第一,这与新加坡注重发展学生的审辩式思维能力有关。

知识与能力

知识积累与能力发展的关系,历来都是教育考试工作者谈论最多的话题之一。对于知识与能力的区别,古人早就做出了非常清楚的回答:"授人以鱼,不如授人以渔。"也就是送给别人一些鱼,不如教给别人一些打鱼的方法。鱼,就是知识;渔,就是能力。知识性考试,就是看一个人篓子里有多少鱼;能力性考试,就是让人打两网鱼看看,看其渔之高下。

"鱼"和"渔"之间有区别,"知识"与"能力"之间也有区别。在心理学中,能力和知识是一对既有联系又有区别的概念。能力的形成离不开知识的积累,但能力不是简单的知识积累。二者的区别主要体现在以下几个方面:

首先,二者的影响面不同。知识仅仅影响到一个人在有限领域中的活动,例如,光学知识仅仅对一个人解决有关光学方面的问题有影响,国际法知识仅仅对一个人解决有关国际法方面的问题有影响,对他在其他方面的活动影响并不大。能力则影响到一个人在较广领域中的活动,例如,逻辑推理能力对一个人在治学、经商、从政等许多方面的活动有影响。最核心的能力就是智力,几乎影响到人的一切活动,从洗衣做饭唱歌跳舞,到格物致知修身齐家治国,各种活动都会受到智力的影响。

其次,二者的变化速度不同。相对来说,知识是一种"快变量",既可通过强化训练而获得,也可能由于遗忘而失去。能力则是一种"慢变量",它的形成过程恰似"冰冻三尺非一日之寒",不是一朝一夕的事情。

第三,二者的变化方向不同。能力的变化基本是单向的,只增长,不减少,用数学的语言讲,是"单调增变量"。在衰老之前,能力呈单向增长的变化趋势。能力一旦形成,一般在衰老之前不会失去。知识则不同,是"非单调增变量",可能增加,也可能减少。三角公式、化合物的分子式、积分公式等知识,我们大多曾经拥有,也曾经应付过相应的考试。而年长之后,许多知识已经遗忘了。

第四,二者所关注的时间点不同。我们在讲知识的时候,通常关注的是一个人的当前已有水平,关注的是"他现在能做什么"。我们在讲能力的时候,通常关注的是一个人的未来发展潜力,是他未来发展的可能性,关注的是"他可能会做什么"。

第五,二者受环境、教育的影响程度不同。知识很容易受到环境与教育的影响并得到增长。能力的发展虽然也会受到环境与教育的影响,但作用时间较长,影响较小。对于环境和教育的影响,能力远没有知识敏感。

关注知识,更关注能力,是审辩式思维对于教育的要求。

教学思想的两次转变

很多年前,我听过一个教育讲座,一个澳大利亚的中学物理教师讲:

　　我教了 30 年的物理课。第一个 10 年，我是"教物理"（teaching Physics）；第二个 10 年，我是"教探索"（teaching to explore）；第三个 10 年，我不再是"教"（teaching）学生如何探索，而是"支持学生自己去探索"（support students to explore themselves）。

　　他的这段话，集中地说明了他 30 年教学生涯中教学思想的两次转变。第一次是从"知识传授"转向"能力培养"，第二次是从"教师主导"转向"学生自主"。

　　与物理教学相似，各个学科的教育改革都需要经历两次转变或"飞跃"。第一次是从"知识传授"转向"能力培养"。

　　例如，在 2007 年的一次语文教学研讨会上，长期担任北京四中语文教研组组长的顾德希说："积我 40 年语文教学的经验，我认为，语文不是一个知识传授的学科，而是一个技能训练的学科。"顾德希的话，体现了他教学生涯中语文教学思想从"知识传授"向"能力培养"的转变。

　　关于语文教学思想从"知识传授"向"能力培养"的转变，语言学家胡明阳曾有过非常精彩的阐述：

　　　　从过去到现在，我们的教育部门和各级领导……不论是英语教学还是母语教学，在教学内容和方法领域都存在一个致命的误区，那就是都错把语言知识当成了语言能力，所以教学效果都很不理想，甚至于很糟。

　　　　培养语言能力跟学习语言知识完全不是一回事。掌握语言知识不等于掌握语言能力。很遗憾的是，我们的语文教学完全违背了我们祖先几千年的经验，把重点放到似乎很"有学问"的语言知识上去，结果也只能"误尽天下苍生"！

　　教学思想的第二次转变应是从"教师为主"向"学生为主"的转变，从"群体教学"向"个性化教学"的转变。这时，学生不再被视为一个只通过训练就可以获得某种能力的"巴甫洛夫的狗"或"斯金纳的鸽子"，而是被视为一个有好奇心、有求知欲、有情感的人。"要你学"的灌输，往往是事倍功半；"我要学"的追寻，却往往是事半功倍。孩子们拥有不同的性别、成长经历、生活环境以及智力和心理发展水平，他们的好奇心和求知欲，不应仅仅以一种单一的方式予以满足。

经济学家陈志武2008年发表了一篇文章,讲述了自己长期在美国生活并伴随两个女儿长大的经历。他写道:

> 我女儿她们每个学期为每门课要做几个项目,这些项目通常包括几方面的内容,一个是针对自己的兴趣选好一个想研究了解的课题。第二是要找资料、收集数据,进行研究。第三是整理资料,写一份作业报告。第四是给全班同学做5到15分钟的讲解。这种项目训练差不多从托儿所就开始。
>
> 写好报告以及讲解文稿,她在全班同学前讲她的这些分析结果。我觉得这样的课程项目研究与讲解是非常好的一种训练。实际上,她在小学做的研究与写作跟我当教授做的事情,性质差不多,我做研究要上网找资料,而她也是为每个题目上网找资料、做研究,她写文章的训练也已经很多。

我曾听过许多像陈志武这样的华人父母们感叹美国的教育,他们都有一个共同的感受:与自己在国内接受的中小学语文教育相比,美国儿童的阅读量要大许多。

我们确实需要认真考虑教学思想中的一些原则问题。在从"知识传授"向"能力培养"转变方面我们已经取得长足的进展。审辩式思维要求我们,至少在一些教育基础较好的地区,争取逐步实现从"教师为主"向"学生为主"的转变,争取逐步实现从"班级教学"向"个性化教学"的转变。

现代学校的三个坏处

1921年,时年28岁的毛泽东在《湘江评论》上发表了《湖南自修大学创立宣言》:

> 人是不能不求学的,求学是要有一块地方,并且,要有一种组织的。从前求学的地方在书院,书院废而为学校,世人便争毁书院,争誉学校。其实书院和学校各有其可毁,也各有其可誉。所谓书院可毁,在它研究的内容不对。书院研究的内容就是"八股"等等之工具,这些只是一种玩物,哪能算得上正当的学问。就这一点论,我们

可以说书院不对得很。但是书院也尽有好处。要晓得书院的好处，先要晓得学校的坏处。原来学校的好处很多，但坏处也不少。

学校的第一个坏处，是师生间没有感情。先生抱一个金钱主义，学生抱一个文凭主义，"交易而退，各得其所"，什么施教受教，一种商业行为罢了！

学校的第二种坏处是用一种划一的机械的教授法和管理法，去戕贼人性。人的资性各有不同，高材低能，悟解迥别，学校则全不管究这些，只晓得用一种同样的东西去灌给你吃。人类为尊重性格，不应该说谁"管理"谁，学校乃袭专制皇帝的余威，藐视学生的人格，公然将学生"管理"起来。自有划一的教授，而学生无完全的人性。自有机械的管理，而学生无完全的人格。这是学校的最大缺点，为办新教育的人所万不能忽视的。

学校的第三个坏处，是重点过多，课程过繁。终日埋头于上课，几不知上课以外还有天地，学生往往神昏意怠，全不能用他们的心思为自动自发的研究。

概括这些坏处，固然不能概括一切的学校，说他们尽是这样，并且缺点所在，将来总会有改良的希望，但大体却是这样。欲想要替他隐晦，也无从隐晦得了。坏的总根在使学生的之于被动，消磨个性，灭掉性灵，庸儒的堕落浮尘，高材的相与裹足。

回看书院，形式上的坏处虽然也有，但上面所举学校的坏处，则都没有。

一来，师生感情甚笃。

二来，没有教授管理，但为精神往来，自由研究。

三来，课程简而研讨周，可以优游暇豫，玩学有得。

故从研究的一点说，书院比学校实在优胜很多。但是现代学校有一项特产，就是他研究的内容专用科学，或把科学的方法去研究哲学和文学，这一点则是书院所不及学校的了。

自修大学之所以为一种新制，就是取古代书院的形式，纳入现代学校的内容，而为适合人性便利研究的一种特殊组织。

1921 年 8 月

　　毛泽东创立自修大学的初衷是为出国留学做准备,他认为,出国之前,需要先对当代学术有一大致了解,留学才会真有收获。他的这篇文章曾经过胡适的修改。胡适是杜威的学生,杜威则是美国现代民主教育的开山人。所谓民主教育,就是尊重学生的教育。在民主教育中,学生被视为有尊严的人,而不是经过精心训练就可以形成一些条件反射的马戏团中的动物。胡适之外,杜威的学生还包括陶行知、张伯苓(南开大学创建人、西南联大创建人之一)、蒋梦麟(曾任民国教育部长)、郭秉文(曾任东南大学校长)、郑晓沧(曾代理浙江大学校长)、陈鹤琴(曾任南京师范学院院长)、李建勋(曾任北京师范大学教育学院院长)等。

　　在这篇 850 字的短文中,包含着杜威、胡适和毛泽东的民主教育思想。我认为,这篇 90 多年前的文章切中今天教育的弊端,可以一字不改。这也是审辩式思维对当前教育改革的要求。

审辩式思维的精髓

　　2013 年 8 月 12 日,在上海纽约大学开学典礼上,对教学质量负责的美方校长杰弗里·雷蒙给首届学生讲了新学年的第一课。8 月 13 日《中国青年报》以《我们不是要告诉你们某个正确答案》为题报道了雷蒙校长的演讲。雷蒙曾是密歇根大学法学院院长、康奈尔大学第 11 任校长。

　　这里是雷蒙校长演讲的主要内容:

　　　　我们的目的不是要给你们我们的智慧,不是要给你们我们的知识,也不是要告诉你们某个正确答案。创造者、发明者和领导者不可能靠背诵和记忆别人的答案来创造、发明和领导。他们必须掌握为旧问题给出新的、更好的答案的能力,必须掌握能及时发现旧答案已经不合时宜的能力,因为世界是在不停变化的。

　　　　上海纽约大学要把你们培养成出色的学习者,对事物充满好奇,并且懂得如何去加深自己对事物的认识;培养成有创造力的世界公民,能在不同文化不同背景的人群中游刃有余。

　　　　为了实现这个目标,老师们会不断向学生提出非常难的问题,而这些问题并没有标准答案。我们会教你们怎样发表精深独到的见解，同时，你们也会看到别人用同样精深同样独到的方式给出完全不同的答案。当然，你们也会发现有些答案是错的——提出全新的见解并不一定表示你具有创新精神，未经深思熟虑，不源于诚实和严密的思维的答案是经不起推敲的。

学生应该怎么称呼校长？雷蒙校长？Jeff？雷蒙教授？老雷？并没有标准答案，因为学生不需要用一个统一的称呼来叫校长。但有一些答案是错误的——"喂，你！""雷蒙老头！"

现在很多学生都在学习怎么掌握标准答案，而在上海纽约大学，老师则要教学生以一种完全不同的方法来处理问题。教师将教你们如何去判断问题的重要性、表达的准确性，教你们辨别答案的对与错，让你们了解选择某一种答案所产生的结果，最终让你们学会如何去做选择并承担后果。

在上海纽约大学，要花非常非常多的时间来学习怎么去运用"这取决于"（It depends）这句话，比如"这取决于这样的观点"，"这取决于这样的观点，但我觉得另一种观点更理想"。与如何称呼校长的问题一样，许多问题并没有标准答案，只是必须要在所有可能的答案中做出选择，并承担相应的结果。当我们做选择的时候，我们要谨慎地表达我们的观点，并善于使用"这取决于"这一表述。

在全球化的今天，我们面临的最大挑战就是如何让来自不同文化的观点和谐共存，很重要的就是要能抵挡得住两种自然而然的情绪，一是"逃避"，二是急于得出结论——宣称某种观点是正确的，而其他的是错误的。

说到"逃避"，又需要回到"这取决于"，当一个人逐渐学会说这句话的时候，常常会倾向于说："这取决于你的观点，不同的文化有不同的观点，我们尊重所有的文化，所以没什么好多说的。"这其实是一种逃避，因为回避了一个事实，就是文化是与时俱进的。要学会避免这种逃避的情绪。这所学校为你们提供了尽量多的机会去接触不同的文化。每一天，你们不仅能见证文化的不同，更可以了解产生这种差异的缘由。你们可以探讨不同文化的不同观点是否合理,你们要学着用包容、恭敬和欣赏的态度来对待这些差异。最终学会怎样去和别人分享你们的观点和意见,哪怕无法达成完全的共识。

　　你们要担当起领导和服务的责任。服务于谁? 这个问题也没有唯一的标准答案。但是,有一个答案是错误的:我只服务于我自己和我的家人。在这个错误的答案之外,有多种可能的选择。我希望你们能与你们的同学讨论你自己的答案、你自己的选择,以及你将为自己的选择可能承担的后果。

雷蒙校长的演讲,道出了审辩式思维的精髓。

雷蒙校长所讲的核心内容是,我们的目的不是要给学生知识和标准答案,而是要发展学生的独立思考能力。

在今天中国的学校中,老师习惯于让学生找出标准答案,习惯于将标准答案告诉学生,而且常常是唯一的答案。在这样的教育中,中国学生习惯于寻找标准答案,乐于寻找标准答案,找不到标准答案就很焦虑。于是,学生少有怀疑精神和创新精神。这种状况,使教育失去了活力。

无论是学术问题,还是工作生活中的实际问题,我们常常面临许多艰难的选择。学生需要从小学习怎样做出基于审辩式思维的谨慎选择,并准备为自己的选择承担后果,承担责任。如果习惯于从老师那里获得答案,而不是自己做出选择,那么学生在未来的人生中将会缺乏重要的问题解决能力。

第二节　作为创造力源泉的审辩式思维

钱学森之问

2005 年 7 月 29 日,时任国务院总理的温家宝去看望钱学森同志,钱学森同志当面对他讲:"中国没有完全发展起来,一个重要原因是没有一所大学能够按照培养科学技术发明创造人才的模式去办学,没有自己独特的创新的东西,老是'冒'不出杰出人才。这是很大的问题。"

2010 年 5 月 4 日,温家宝总理在北京大学的"五四"纪念大会上讲:

"钱学森之问对我们是个很大的刺痛。"

我国大学确实存在钱学森同志所指出的问题。1980年以来,北京大学、清华大学、复旦大学的许多毕业生进入美国最好的大学深造,进入美国最好的研究机构从事科学研究。但是,这些人中迄今尚未出现一个诺贝尔科学奖的获得者。

近几年,我国的主要领导人反复强调"转变经济增长方式",转变低技术含量、低效益、高污染的增长方式,发展高技术、高附加值的产业。要想转变经济增长方式,只能靠人才。培养人才,要靠教育。没有能培养出杰出人才的教育,没有杰出人才的出现,"转变经济增长方式"就是一句空话。为了实现经济增长方式的转变,我们需要认真地对"钱学森之问"做出回答。

保护创造力的要诀——不懈追问

每一个家长和教师都希望把自己的孩子和学生培养成创新型人才。发展学生的审辩式思维可以保护他们的创造性吗?是的,而且第一要诀就是"不懈追问"。

很多在我们的生活中似乎是"想当然"的命题,其实经不住追问。如果提出质疑,如果追问,会发现许多问题有待审辩。

例如,尽管我们从小学一年级就开始上语文课,但很少有人去问"什么是语文"。实际上,关于这个问题,人们并没有达成共识。基本的看法有四种:第一,语言和文字。口头为语,书面为文。语文课是发展学生听说读写能力的课程。第二,语言和文学。《红楼梦》的主题思想是什么?《小桔灯》的描写手法怎样?这些属于"文学",不属于语言。第三,语言和文化。中国人爱喝热水,西方人爱喝凉水。中国人结婚穿红,西方人结婚穿白。这些,属于"文化"。语文课不仅要教语言文字,还要帮助学生了解中华文化。第四,语言和人文。教育部颁布的《义务教育语文课程标准》中包含"以邓小平理论和'三个代表'重要思想为指导,深入贯彻落实科学发展观","形成正确的世界观、人生观、价值观",等等。这些,属于"人文"。围绕这个问题,中国的语文教学界已经争论了60多年,也许还会再争论60年。

又如，我们常常说"分数面前人人平等"。这种说法能够成立吗？让一个半饥半饱、一边学习一边帮助父母维持家庭生计的孩子与一个父母用重金聘请优秀辅导教师的"土豪"孩子在"分数面前平等"，真的合理吗？真的公平吗？实际上，如果全国用同一张高考试卷并且"分数面前人人平等"，那些不幸出生在边远、贫穷地区的孩子就几乎没有进入北大、清华读书的机会。

再如，我们常常说"实践是检验真理的唯一标准"。真的是"唯一标准"吗？"失败乃成功之母"，对真理的发现很少有一蹴而就的情况，成功总是属于那些面对失败的"实践标准"而不言放弃的人。科学发展史清楚地告诉我们，正是由于有人执着地坚持长期得不到实践支持的理论，科学才得以进步，如哥白尼和开普勒对"日心说"的坚持；正是由于有人大胆地怀疑得到无数实践支持的理论，科学才得以进步，如爱因斯坦对牛顿力学的怀疑。

如果你能引导学生对这些问题"不懈追问"，对各种可能的答案进行质疑，如果你能够帮助学生养成不轻易相信"正确答案"的习惯，那么，学生的审辩式思维就可能得到发展，他的创造力就可能受到保护。

保护创造力的要诀——双向质疑

保护学生创造性的第二要诀是审辩式思维倡导的"双向质疑"。

"不懈追问"的对象不仅是他人的看法，而且也包括自己的看法。不仅要考虑到他人的看法未必正确，也要考虑到自己的看法未必正确。不仅要考虑到他人可能存在的局限和偏见，也要考虑到自己可能存在的局限和偏见。

具有审辩式思维的人会时时反思：我所摸到的"大象"，我自己关于"大象"的经验，是否就是"大象"的全貌？是否就是"大象"的完整形象？他们持续保持反思和自省的警觉。他们不会把自己想象成裁定聪明与愚蠢的圣人，不会把自己想象成裁定真理与谬误的大法官，也不会把自己想象成裁定正义与邪恶的上帝。

美国没有宪法法院，美国联邦最高法院实际履行着宪法法院的职责。最高法院有 9 名大法官。只有涉及宪法解释的案件，只有少数具有判例性质的案件,才会上诉到最高法院审理。在这类案件的审理中,需要由 9 名大法官通过投票来做出裁决。

具有审辩式思维的人通常不会轻易将自己想象成最高法院的大法官。即使他把自己想象成最高法院的大法官,他也不会轻易将自己想象成首席大法官。即使他把自己想象成首席大法官,他也不会忘记在裁决中自己仅仅具有与其他 8 位大法官一样的一票。即使他把自己想象成具有终极裁决权的唯一的最高法院大法官,他也不会忘记,司法权仅仅是互相分立、互相制约的立法、司法、行政三权中的一权。

基于"双向质疑",学生才会对新的事实、新的观点、新的视角保持开放的心态。事实上,在科学研究、历史研究和社会研究领域,每天都有大量的新事实被发现,每天都有大量的新观点提出。只有对新事实、新观点保持开放的心态,才可能持续地调整和完善自己的想法。

基于"双向质疑",学生才会理解,我可以有我的梦想、我的乌托邦、我的真理、我的答案和我关于"大象"的经验;别人也可以有别人的梦想、别人的乌托邦、别人的真理、别人的答案和别人关于"大象"的经验。学生才会理解,世上并没有客观的"真理",只有主观的"真理";世上并没有众人的"真理",只有个人的"真理";在坚持自己的"真理"的同时,也能包容别人的"真理"。

如果仅仅是单向地对他人不懈追问、不懈质疑,而不能双向地同时针对自己不懈追问、不懈质疑;如果总是把自己想象成首席大法官,总是把自己想象成正义与邪恶的裁判员;如果总是像今天网络上的一些人那样对别人的真理不包容,开口闭口"脑残",拍砖抡棒,杀气腾腾,那么,学生就不具备审辩式思维,就很难发展成为创新型人才。

保护创造力的要诀——凭证据说话

保护创造性的第三要诀是审辩式思维倡导的"凭证据说话"。

"学术评价考试"(SAT)是美国的"高考",是美国大学录取新生的重要依据。SAT 始于 1926 年,2013 年有 160 万人在世界各地参加了 SAT 考试。近些年,许多中国的高中毕业生通过 SAT 进入美国的大学学习。2014 年 1 月,出现了万人从内地赴香港参加 SAT 考试的壮观场面。

在 2005 年以前，SAT 只有两个部分：言语（verbal）和数学（math）。2005 年，SAT 进行了一次大的改革，改革的内容之一是将原来的"言语"部分改为"审辩式阅读"（critical reading），并增加了写作考试，变为三个部分。2014 年 3 月 5 日，主持 SAT 考试的美国的大学理事会（college board）宣布了 SAT 的改革方案。从 2016 年起，新 SAT 将取代原来的旧 SAT。在新 SAT 中将包含两个必考部分和一个选考部分。两个必考部分是"基于证据的读写"（Evidence-based Reading and Writing）和数学，一个选考部分是小论文写作。

在 2005 年的改革中，SAT 突出了对"审辩"的重视。在即将于 2016 年实行的改革中，SAT 则突出了对"证据"（Evidence）的重视。

在"不懈追问"中，在"双向质疑"中，都需要"凭证据说话"。具有创造性的人，既不会轻信他人的信口开河、武断裁判，自己也会尽量避免轻率判断，尽量避免想当然地做出选择。

在"凭证据说话"方面，中国文化与美国文化确实存在差异。许多中国人的观念是：分数面前人人平等，是英雄，是好汉，考场上，比比看。如果考场上考不过你，我心服口服。许多美国人的观念则是：何以见得我考试考不过你，干工作就干不过你，请拿证据来。假如你拿不出证据，如果我是妇女，我就到法庭告你歧视妇女；如果我是黑人，我就到法庭告你歧视黑人。因此，美国的考试机构在编制试题的时候，首先考虑的问题就是怎样在法庭上提供足够的证据，支持考试成绩与工作业绩之间具有明显的关联。如果证据不足，就可能受到"歧视妇女"或"歧视黑人"的指控，甚至因此遭受重罚。

在招工招聘中采用考试，直接关系到人的就业权利。如果考试不能保证"高分高能"，考生的就业权利就会受到侵害。何以见得我考试分数不高，工作就干不好？这本来是应该问一问的问题，这本来是应该要求考试主持机构提供证据的。但是，由于我们的教育中历来缺乏"凭证据说话"的教育，结果，这本该问一问的问题却很少有人问。我大半生从事考试研究工作，非常清楚地知道，今天中国实施的许多考试都缺乏有效性的证据。优秀的教师通不过教师资格考试，经验丰富的银行业务骨干通不过会计师考试,计算机编程高手通不过计算机水平考试,像这样的例子比比皆是。另一方面,一些通过教师资格考试的人在讲堂上却站不住脚,一些通过了计算机水平考试的人实际解决问题的能力很差,这类情况也屡见不鲜。

如果你要论证"中医有效",你就要拿出这样的证据:屠呦呦教授从中草药中提炼出的青蒿素帮助中越军队打赢了越南战争,在非洲挽救了数以百万计的疟疾病人。如果你要论证"集体经济不仅可以实现共同富裕而且可以取得更高的生产效率",那么,你就要拿出这样的证据:2012年,在每平方公里的土地上,华西村创造的产值是 13 亿元,南街村是 6 亿元,而小岗村只有几百万元。如果你要论证"在公务员录用中应加强品德考查",那么,你就要拿出这样的证据:一些能力很强的公务员,缺乏为人民服务的精神,缺乏自律能力,贪污腐化,以权谋私,道德败坏。

如果在"不懈追问"和"双向质疑"的时候不能"凭证据说话",如果在论证自己观点的时候不是"凭证据说话",而是拿所谓的权威说话,拿教科书说话,那么,就很难发展成创新型人才。

第三节　作为现代民主社会基础的审辩式思维

平庸之恶——阿伦特对二战的反思

国际社会重视审辩式思维教育,缘于对第二次世界大战教训的总结。在总结二战教训方面,汉娜·阿伦特(Hannah Arendt)是一位具有原创性的思想家,作出了独特的贡献。

阿伦特是一个特立独行的人。她出生于德国汉诺威的一个犹太人家庭,先后在马堡大学、弗莱堡大学和海德堡大学攻读哲学、神学和古希腊语,先后师从海德格尔(Martin Heidegger)和雅斯贝尔斯(Karl Jaspers),25 岁取得海德堡大学哲学博士学位。1933 年纳粹上台后她流亡巴黎,1941 年以后定居美国。她曾在加利福尼亚、哥伦比亚和芝加哥等大学任教,1959 年成为普林斯顿大学第一位女性正教授。她勤奋思考,笔耕不辍,先后出版《极权主义的起源》《论革命》《黑暗时代的人们》《共和危机》《精神生活》等有影响的著作。第二次世界大战期间,她因参与了对欧洲犹太人的救助而被纳粹政府关押。纳粹"集中营"中许多无辜的人受到欺凌、折磨,甚至虐杀,促使阿伦特对纳粹势力在德国蔓延并最终导致欧洲浩劫的原因进行了深刻的思考,并将其与苏联的"劳改营"作对比。

在反思二战方面,阿伦特提出的最核心的概念是"平庸的恶"。阿伦特一生最重要的经历,可能要算她在耶路撒冷参加了对纳粹战犯的审判之后写出的《艾希曼在耶路撒冷:关于平庸的恶的报告》一书所引起的轩然大波。

阿道夫·艾希曼是纳粹军官,对集中营中许多犹太人被屠杀负有直接责任。1960年,他在阿根廷被以色列特工秘密绑架到以色列,1961年在耶路撒冷受到审判。阿伦特主动要求作为《纽约客》特派记者前往耶路撒冷报道审判。之后,她在《纽约客》杂志上发表了5篇报道,并汇集成书出版。阿伦特在报道中写出了自己对艾希曼的真实感受:艾希曼并非想象中那样是个十恶不赦的"恶魔",实际上,他并不具有鲜明个性和深刻思想,只不过是一个平凡无趣、近乎乏味的人,他根本不动脑子,像机器一般顺从、麻木和不负责任。他既不阴险奸诈,也不凶横,除了对自己的晋升非常热心外,没有其他任何的动机。

所谓"平庸的恶",主要是指"不思考"导致的恶。为了避免"平庸的恶",就需要提倡思考。思考是对事实真相的揭示,是对各种主张的质疑和审辩,是选择和决策的依据。阿伦特带给人们的最大启发,是需要高度重视提高公民的审辩式思维水平。审辩式思维的核心问题是:别人这样说,这样想,这样做,那么你呢?如果你是一个具有审辩式思维能力的人,你应该根据自己的思考、学识、情感、经验、理性等做出自己的独立的判断,这是一个审问、慎思、明辨、决断的过程,这个过程所需要的就是审辩式思维。今天,我们常常可以在创新型媒体上看到板砖横飞、烽烟滚滚。围绕着高考改革、房产税征收、土地私有化、中医的科学性、转基因食品、环境保护等许多问题,持不同观点的各方唇枪舌剑,混战一团。啐口水、拍板砖,翻来覆去"车辘轳"式地无效争论,武断结论大肆泛滥,甚至从网上互殴发展到网下"约架"。2015年7月22日,山东一位不满18岁的学生因网上观点分歧,被素不相识的论辩对手打伤。此类带有

"暴力"色彩的事件,凸显了时下一些人普遍缺乏审辩性思维的危机。

阿伦特带给我们的启示是,一个具有人类远大理想的国家应当是由具有审辩式思维的公民组成的法治国家,这个国家的每个公民应当履行宪法权利、承担公民责任,这样才能够杜绝"平庸的恶",才能够阻止法西斯式的社会浩劫。

制度与人

现代国家的建设包含"制度建设"和"人的发展"两个方面。这两个方面就像人用于走路的两条腿,互相支撑;就像车子的两个轮子,缺一不可。

人类的前行,社会的发展,需要"健全的制度"和"恪守底线的人"来共同推动,需要两个轮子、两条腿。独轮车,走不稳;单腿蹦,行不远。

制度与人,相辅相成,互相不能代替。

我不赞成两种观点:

其一,制度万能论。制度健全即可,不需要人的发展。实际上,美国的制度是建立在普遍的公民意识之上的,"资本主义精神"是建立在"新教伦理"之上的。印度、印度尼西亚、菲律宾等国家,就政治制度而言,与欧美的发达国家并没有很大区别,但腐败现象却非常严重。这种现象,并不能用制度来解释。

其二,人的因素决定一切。未来的一万年内,雷锋都是少数。坏的制度,足以把雷锋变成许迈永(杭州市副市长,已经因贪污被处死),这类"人变鬼"的案例并不十分罕见。为了减少这种"人变鬼"的悲剧,需要在制度建设方面下功夫。

没有制度,没有责、权、利的统一,没有对责、权、利的清晰界定,单靠人的自我道德约束,是行不通的。这是 20 世纪 60—70 年代中国的主要失误。

有一种说法:"有什么样的人,就会有什么样的制度。"这种说法有一定道理。确实,制度与人是互为因果的,是"鸡生蛋、蛋生鸡"的关系。

没有制度是万万不能的,但制度不是万能的。老子讲:"失义而后礼。""法令滋彰,盗贼多有。""其政察察,其民缺缺。"董仲舒讲:"法出而奸生,令下而诈起,如以汤止沸,抱薪救火,愈甚亡益也。"这些话,都是经过深思熟虑的洞见。

　　发展青少年的审辩式思维,不仅有利于创新型人才的成长,也有利于中国社会的民主化进程。民主不仅是一种政治制度,更是一种国民素质。

第四章　审辩式思维的形态辨析

第一节　审辩式思维与"大批判"思维

20 世纪 60 年代，我亲身经历了"文化大革命"。"文革"中使用频率最高的词汇是"大批判"，十年中，《人民日报》和《红旗》杂志的许多社论的标题中都包含"批判"或"大批判"的字样。例如，《人民日报》1966 年 6 月 8 日社论的标题是《我们是旧世界的批判者》。社论中说："七亿人都是批评家，这是一件了不起的大事情，这是一件划时代的大事情。七亿人都做批评家，是我国人民群众的伟大觉醒。"

在马克思、恩格斯、列宁的著作中，"批判"是一个常用词。马克思不仅高举"批判的武器"，而且呼唤"武器的批判"。实际上，在马克思、列宁、毛泽东的思想成形过程中，他们所选择的主张都不是自己所处时代的主流思想，他们都选择了当时的"异端"，他们都表现出对主流观念的批判，他们都表现出独立思考的倾向。这与"文革"中的"大批判"是两回事。

审辩式思维与"文革"中倡导的"大批判"有什么区别呢？当我们谈论审辩式思维的时候，当我们强调发展学生的审辩式思维的时候，确实包含着马克思、列宁和毛泽东所倡导、所力行的独立思考精神和怀疑精神。

我们并不比马克思更高明，但是，我们比马克思了解更多科学发展和社会发展的新进展。与马克思相比，我们知道了相对论、量子论、哥德尔定理、大爆炸宇宙学等 20 世纪的科学成果，我们知道了 20 世纪国际共产主义运动的兴起和遭遇的挫折，我们知道了两次世界大战和具有毁灭性的核武器。今天,当我们站在马克思、列宁、毛泽东、维特根施坦、波普尔、库恩、图尔敏这些先贤智者的肩膀上开始思考的时候,我们赋予了审辩式思维更多的含义。

我所理解的审辩式思维,不仅包含"独立思考",还包含"价值多元"。我认为,具备审辩式思维的人,不轻易相信所谓的"科学真理",不轻易相信所谓的"普世价值",不轻易相信所谓的"普遍人性"。他们不相信唯一的正确答案,不迷信自己关于"大象"的经验,他们不会为了捍卫自己的一个乌托邦、一个梦想、一个真理去展开"大批判"。他们可以张开双臂拥抱多种乌托邦、多种梦想、多种真理、多种答案包容共存的新时代。

"审辩式思维"和"大批判思维"的区别在于,后者力图用自己的"真理"去批判他人的"谬误",前者却接受多种价值并存的可能性,在坚持自己的"真理"的同时也包容别人的"真理"。

具有审辩式思维的人可以理解,对于复杂的科学问题和社会问题,既不存在具有真理性的唯一正确的(right)答案,也不存在符合形式逻辑的唯一合理的(rational)答案,仅仅存在若干个普乐好的(plausible)答案。关于这些问题的争论,会长期地存在下去。

第二节　审辩式思维与分析性推理

我们曾经谈到,在 AASCU 和 APLU 共同推出的 VSA 中,定义了 4 项"核心教育成果"(CEO):审辩式思维(CT)、分析性推理(AR)、阅读和写作。

审辩式思维与分析性推理之间的区别是什么? 经过深入地讨论和思考,我们从 13 个方面对二者进行区分(表 2)。

审辩式思维不同于分析性推理,在审辩式思维中包含着对形式逻辑局限性的认识。具有审辩式思维的人知道,符合形式逻辑是不可突破的"底线"。任何论证,必须符合形式逻辑。但是,形式逻辑存在局限性。许多时候,存在多种符合事实和符合形式逻辑的命题。这时,需要在综合形式逻辑和非形式逻辑的基础上做出决策。

表 2　审辩式思维与分析性推理的区别

序号	分析性推理（AR）	审辩式思维（CT）
1	尊重事实 尊重证据 重视事物的客观性 重视命题的可重复性和可检验性	独立思考 怀疑精神 价值多元 包容精神
2	认知特征	认知技能 人格气质
3	强调形式逻辑的重要性	强调理性和形式逻辑的局限性
4	重视概念和语言表达的清晰性、准确性	认识到语言的局限性
5	重视事实和证据	认为事实不足以形成理据
6	对真理客观性的理解	对真理约定性的理解
7	重视发现事物的本质属性 重视发现现象之间的本质联系	专注于揭示现象之间的联系 审慎或基本避免提出本质性结论
8	科学思维	人本思维
9	分析性思维	整体性思维
10	从部分到整体的认识方式	从整体到部分的认识方式
11	形式逻辑	工作逻辑 实践逻辑 实质逻辑
12	亚里士多德的三段论	图尔敏的论证模型
13	源自西方文化	源自东方文化

　　语文能力、数学能力、外语能力，属于人的不同的心理属性。就像人的身高、体温、血压等一样，各科成绩是从不同维度对人进行测量的结果。就像身高、体温、血压等不同维度的测量结果不能相加一样，语文、数学、外语的分数也是不能相加的。把语文成绩与数学成绩相加，与"3斤加5尺"没有什么区别。这种把不同量纲、不同维度的测量结果相加的做法是不符合形式逻辑的。但是，在高考、中考中需要对各科成绩求和计算总分。这种做法虽然不符合形式逻辑，但是符合"工作逻辑"。分

析性推理可以计算出各科总分,但不能回答"是否属于相同维度,是否可以互相代偿"等问题。

2012年2月26日,美国佛罗里达州28岁的协警齐默尔曼在巡逻时射杀17岁黑人少年马丁。2013年7月13日,法院终审宣判齐默尔曼无罪。2014年8月9日,28岁的白人警察威尔逊射杀了18岁黑人少年布朗。2014年11月24日,密苏里州大陪审团决定不起诉枪杀黑人少年布朗的警察威尔逊。在这两起案件中,对被告有罪的指控是有道理的:马丁和布朗并没有携带武器,被告使用武力过当,剥夺了两个并无大错的年轻人的生命。为被告辩护的律师也是有道理的:警察是高危行业,需要得到社会的高度保护。最终,陪审团基于"保护警察安全"的考虑支持了被告辩护律师。这种判决,不是基于分析性推理的判决,而是基于审辩式思维的判决。

在2012年9月15日陕西省西安市的涉日游行中,有12人后来被西安市长安区人民法院因故意伤害和寻衅滋事罪判处有期徒刑。其中,用钢锁击穿日系车主李建利使其头骨致残的蔡洋,被判处有期徒刑十年,赔偿李建利25.88万元。对于李建利和蔡洋,这都是悲剧。蔡洋等人所缺乏的绝不仅仅是推理能力,更重要的是缺乏审辩式思维。

具有审辩式思维能力的人能够理解:首先,决策必须以事实为依据,决策不能基于虚假或虚构的事实之上。其次,决策必须符合形式逻辑,决策不能与形式逻辑相冲突,必须是合理的。第三,也是最重要的,在符合事实和符合形式逻辑的基础之上,基于不同的前提假设和价值取向,可能存在多种可能的决策选项。

具有审辩式思维能力的人,能够区分事实判断和价值判断,能够理解做出不同判断所依据的不同价值选择,能够理解做出不同决策所依赖的不同前提条件和假设,能够理解决策者对自己所做的决策应该承担的责任。

第五章　有　效　论　证

第一节　审　辩　式　论　证

论证的有效性与有限性

维特根施坦是 20 世纪最重要的哲学家之一,不少人甚至认为他是 20 世纪最伟大的哲学家。或许,在生活于 20 世纪的人中,他将是对 21 世纪产生最大影响的一位。他生前正式出版的唯一一本书是《逻辑哲学论》。全书共 7 章,作为结论的第 7 章只有短短的一句话:"对于不可说的东西,保持沉默。"他在这部书中表达了一个重要的观点:"可以展示的东西,不能用语言表达。"

具有审辩式思维的人理解,一些涉及价值观、信念和偏好的问题,不是凭借说教和论理所能解决的。例如,你说应为人民服务,他说人是这个星球上最大的污染,最丑恶、最不可信任,可以爱猫爱狗,但切不可爱人。孟子说:"人性之善,犹水之就下。"荀子说:"人之性恶,其善者伪。"这类问题,既不可能凭"讲道理"来改变对方的看法,也不可能凭"讲道理"来驳倒对方。这种分歧属于超验的、信念的、信仰的分歧。对于这些问题,完全没有必要争论,只能"闭嘴"。

有人说,最傻的问题是问对方"你为什么爱我"。有人说,最愚蠢的男人就是试图与妻子"讲道理"的男人。有人说,恋爱中的人在某种程度上都是精神病患者。这些说法,都有一定道理。

雷锋是 20 世纪 50—60 年代中国的一个标志性人物。雷锋是否曾积攒自己的津贴支援过灾区?雷锋是否买过手表和皮鞋?《雷锋日记》是真是假?具有审辩式思维的人,可能会致力于澄清那些历史事实,尽量揭示历史的真相。但是,他们不会去讨论这样一些问题:雷锋这样做的动机是"沽名钓誉"还是"悲悯情怀"? 是出于"为自己谋利的考虑"还是出于"为人民服务的冲动"? 对这类问题,他们会"闭嘴"。他们理解,这属于个人的信念,属于论证的前提和先验假设,对此,完全没有必要争论。

近十几年,高考采用了"分省命题",到 2014 年,全国有 16 个省拥有高考自主命题权。在一次高考改革研讨会上,有这样一段对话:

> 教授 A:应尽快取消分省命题。公平、公正是考试的第一要义,考试对考生必须一视同仁,只有实现全国统一命题,才能保证公平。

> 教授 B:从 1978 年开始,有 20 多年高考一直是全国统一命题,分省命题是近年的事情。我们都知道,在统一命题的时候,如果完全按照分数录取,湖北、山东两省将包揽清华北大几乎所有的新生名额,不用说青海、海南的高中生没有机会进清华北大,北京高中生进清华北大的机会也微乎其微。

> 教授 A:命题应该全国统一,大学在录取的时候对来自不同地区的考生可以区别对待,可以提高或降低分数线。

> 教授 B:如果大学录取时区别对待,就违背了您刚刚讲的"一视同仁"呀。

"分省配额、限制高考移民"并不是当代的问题。"分省配额,严厉打击'冒籍'"是科举历史上的长期做法。历史上的"冒籍",就是今天的"高考移民"。无论是"分省命题",还是"全国统一命题",在道理上都是讲不清的。这不是一个"讲道理"的问题,而是一个需要对得失利弊进行权衡选择的实践问题。

又如,邓小平在 1985 年 3 月 7 日的全国科技会议上说:"如果我们的政策导致两极分化,我们就失败了;如果产生了什么新的资产阶级,那我们就真是走了邪路了。"中国今天是否出现了"两极分化"? 反映两极分化程度的基尼系数是多少? 是否已经超过了联合国认定的警戒线? 联合国建议的警戒线是否合理? 对于这些问题,具有审辩式思维的人可能进行认真严肃的讨论,可能不懈地进行追问。既可以对事实进行澄清,也可以对逻辑的自洽和完备性进行审辩。但是,面对"患不均"抑或"患贫"的问题,具有审辩式思维的人会"闭嘴"。他们知道,"不患贫而患不均"或"不患不均而患贫",这属于个人的价值取向和偏好,属于论证的前提和先验假设。对此,完全没有必要争论。对此,需要"闭嘴"。

具有审辩式思维的人,像具有良好分析性推理能力的人一样,理解理性的重要性,理解亚里士多德"三段论"的重要性。此外,他们还理解理性和语言的局限性,理解面对复杂的现实问题,理性和语言常常表现得苍白、单薄。他们还能够理解老子所讲的"道可道非常道",还能够理解庄子所讲的"意之所随者,不可以言传也","知者不言,言者不知"(《庄子·天道》),还能够理解维特根施坦所说的"保持沉默"。

具有审辩式思维的人能够理解,在面对问题的时候,首先要尽量了解事实,以事实为依据,尽量排除那些虚假或虚构的事实。对于事实,他们会穷追不舍,不懈质疑,力求把握全貌,揭示真相。他们会仔细考查各种主张的逻辑合理性,努力寻找并指出其中的逻辑矛盾,努力提出"以子之矛攻子之盾将如何"一类的诘问。当他们面对选择责任的时候,他们不会简单地将自己的选择建立在"讲道理"之上,而是建立在实践之上。他们可以对自己做出选择所依据的事实、支撑和理据保持清醒的头脑,并准备为自己的选择承担责任。

同时,审辩式思维不仅表现为"不懈追问",还表现为"适时闭嘴"。具有审辩式思维的人不仅善于进行有意义的审辩和论证,而且知道何时应该"闭嘴"。

实际上,一个人的信仰主要不是来自于书本,而是来自于生活;主要不是来自于理性的、逻辑的思辩,而是来自于情感的、直觉的体验。信仰的传播主要不是靠言语的说教,而是靠行为的感召。那些属于个人的真理、价值、偏好和信念,仅仅可以通过讲故事来展示(show),不能通过讲道理来论证(say)。对于这些问题的争论是徒劳的。面对那些企图与你"讲道理"的人,你只能保持沉默。

维特根施坦1951年去世。在他去世20年后,他的思想才开始逐渐影响到语言教学和语言测试领域，并使其发生了重要的转变。受到维特根施坦的影响，强调完成交际任务、强调发展交际能力的语言观已经成为语言教学和语言测试领域的主流。他的影响远远超出语言研究领域，逐渐影响到科学研究、政治、经济、司法、文学、艺术等。

审辩式论证的基本问题

思维不是目的，思维的目的是为了解决问题，是为决策提供依据，发展审辩式思维是为了在面对复杂问题时可以做出普乐好的（plausible）决策。为了说明这一点，我们可以炒股为例来说明。

股市是一个复杂的系统。在股市中，我们面对的基本问题是：现在，我手上的股票已经赚了1毛钱。如果我马上卖掉，1毛钱的盈利可以落袋为安。如果我不卖，明天可能会赚2毛钱、3毛钱，也可能连1毛钱也赚不到，甚至还可能亏钱。在这种情况下，卖，还是不卖？这是审辩式思维所面对的基本问题。

由于股市的复杂性和不可预测性，这时，任何人都不可能总是做出正确的决策，也不可能总是做出合理的决策。事实上，许多合理的决策，最终被发现是错误的。股评家们通常会向自己的客户提出合理的建议，但这些合理的建议常常被发现是错误的。这时，通常只可能做出普乐好的决策。

具有审辩式思维的人能够理解，自己的决策需要以事实为依据，自己的决策要基于这只股票的基本面的事实之上，要基于"大势"（整体经济形势）的事实之上，要基于对事实的符合逻辑的分析之上。尽管符合事实和逻辑，仍然存在许多自己尚未掌握的事实和自己无法预测的意外因素。这时，自己存在犯错误的风险。"股市有风险，入市须谨慎。"自己需要做出普乐好的决策，卖，或者不卖。自己要对决策负责，要承担决策的后果。

一个常常做出普乐好决策的人，更可能成为股市的赢家。

正如美国哲学学会的《德尔菲报告》所指出，审辩式思维不仅是一种认知技能，也是一种人格气质。许许多多的股市弄潮儿谈过自己的体会：在股市中取胜，与市场分析相比，心理素质更重要。

面对复杂系统时,怎样做出普乐好的决策,这就是审辩式思维所面对的基本问题。

审辩式论证与普乐好决策

具有不同价值取向和个人偏好的人需要在社会中共同生活,具有不同信仰的人需要在社会中共同生活,拥有各自真理的人需要在社会中共同生活。为了维系这种共同的生活,必须诉诸法律。法律是具有不同偏好、不同信仰的人群共同生活的最大公约数,是进行普乐好决策所不能逾越的底线。因此,政教需要分离,"教"需要服从"法"。具有不同信仰、不同偏好、不同价值取向的人,可以坚持自己的真理。在不影响他人利益的时候,他可以做出属于自己的普乐好决策。例如,他可以在自己的家里随便抽烟。在自己的利益与他人利益发生冲突的时候,则必须服从法律。例如,在依法禁止抽烟的飞机上,他不可以抽烟。

许多时候,"合法"不等于"合理",更不等于"合情"。

2014 年 11 月 24 日,美国密苏里州大陪审团决定不起诉 2014 年 8 月 9 日在弗格森镇射杀 18 岁黑人少年布朗的警察威尔逊。这个判决显然是合法的,但许多美国人认为这个判决既不合理也不合情。

2014 年 12 月 28 日北京市公交涨价。这次涨价是合法的,但是,许多人认为这次涨价既不合理也不合情。

是否应该起诉威尔逊警官? 北京公交是否应该涨价? ……对于这些问题,不同的人可以持有不同的主张,可以坚持自己的真理。但是,任何人都不可突破法律的底线。

现行法律需要不断改进和完善。事实上,美国宪法在诞生之后的 200 多年间总共修订过 27 次,第 27 次宪法修正案于 1992 年 5 月 7 日通过。《中华人民共和国宪法》于 1954 年诞生以后,在 1975 年、1978 年、1982 年进行过 3 次大的修改,分别被称为"七五宪法""七八宪法""八二宪法"。现行的"八二宪法"产生以后,又曾在 1988 年、1993 年、1999 年和 2004 年进行过 4 次修订。宪法需要修订,其他各种具体的法律更需要修订。无疑,现行法律中尚存在不完善之处,甚至存在重要的缺陷,我们固然需要积极地推动法律修订,需要致力于不断完善各项法律,但我们在做决策时不能突破法律的底线。

是否将某只股票上的有限赢利落袋为安？是否跳槽到另一家公司？是否嫁给一个不尽如人意的追求者？是否将孩子送到国外读中学？……我们经常面临种种选择。基于审辩式思维之上的普乐好决策，可以使自己抓住更多机会，可以提升个人的生活质量。公交是否涨价？是否允许非户籍学生在北京参加高考？是否征收房产税？是否征收遗产税？是否延迟退休年龄？……各级政府也经常面临种种选择。基于审辩式思维之上的普乐好决策，将有利于社会的进步与和谐。不论是个人还是一个组织，在努力做出普乐好决策的时候，都不可突破法律的底线。

以审辩式思维坚持自己的真理

具有审辩式思维的人并不是放弃原则的"和事佬"。当他们坚持自己的"真理"的时候，当他们论证自己的观点的时候，他们认真地坚守审辩式思维的两条"底线"。

他们坚守的第一条底线是"符合事实"。他们理解，立论不能基于虚假或虚构的事实之上。论证必须言之有据，立论应基于有据可查的事实。为此，他们对学术研究的规范表示尊重。

他们坚守的第二条底线是"符合形式逻辑"。他们理解，立论不能与形式逻辑相冲突，必须是合理的。非形式逻辑与形式逻辑不是对立的，是建立在形式逻辑基础之上的。他们认识到理性和形式逻辑的局限性，但他们不会站到理性和形式逻辑的对立面。他们立足于形式逻辑之上，力图弥补形式逻辑的不足。

一些人在思考审辩式思维时会产生疑惑：审辩式思维强调反思精神，会不会走向另一个极端，陷入虚无主义呢？请注意，图尔敏将自己突破传统形式逻辑的新逻辑称为"工作逻辑""实践逻辑"或"实质逻辑"。面对"工作"、面对"实践"、面对"实质"的审辩式思维怎么会导致虚无呢？有时我们似乎感到困惑，那是因为我们脱离实际，从概念到概念、从理论到理论地讨论问题。只要我们面对实际问题，就不会陷入虚无。

具有审辩式思维的人，勇于旗帜鲜明地坚持自己的真理。为了坚持自己的真理,他们努力收集更多可靠、可信的事实来支持自己的观点,他们努力使自己的论证逻辑更清晰、更简洁、更具有说服力。

只要我们结合实际问题来为自己的真理辩护,许多东西是实实在在的。例如,在考察一项考试的质量时,题目区分度是一个事实,是一个根据严格的形式逻辑可以计算得到的统计参数。题目区分度、题目得分与总分的相关系数,是完全可以由计算机自动计算得到的。我们不能忽视甚至编造题目的区分度,因为这违背事实。在一个测验中,不能有负区分度的题目,因为这违背形式逻辑。但是,一道区分度为 0.15 的题目是否可以采用? 不同的审题人,根据自己不同的经验,根据自己不同的前提假设,会给出不同的答案,有人认为可以用,有人认为不能用。这里,并不存在一个正确的选择,也不存在一个合理的选择,仅仅存在若干个普乐好的选择。在实际的审题过程中,我们需要做出一个普乐好的决策。

又如,我们在评价一个题目对于不同性别、不同民族、不同地域、不同家庭经济条件、不同专业背景的考生是否公平的时候,我们需要对题目进行题目功能差异(DIF)分析。一道题目是否存在 DIF,是完全可以靠计算机计算得到的。DIF 值的计算,必须符合事实,也必须符合形式逻辑。一道存在 DIF 的题目是否会造成不公平? 这道题是否可以采用? 这也是一个需要做出普乐好决策的例子。

具有审辩式思维的人,不是放弃自己的真理,而是用审辩式思维来坚持自己的真理。

第二节　图尔敏论证模型

形式逻辑与实践逻辑

审辩式思维很大程度上是一种论证自己的观点和说服他人的能力。与审辩式思维相联系,图尔敏提出的论证模型受到越来越多的关注。

图尔敏最初在剑桥大学所学的专业是物理学,那时他就对"合理性"问题充满兴趣,总想弄明白的一个问题是:"怎样才能说明我们接受这个科学理论,会比接受另一个理论更为合理?"后来,他继续在剑桥大学攻读哲学博士学位,将最主要的精力集中在"合理性"问题。

图尔敏注意到休谟在其代表性著作《人性论》曾谈到,当休谟将自己深感信服的推理方式应用于社交互动,如餐桌谈话、下棋交流和朋友交谈时,就会显得做作和可笑。他自己的那些深邃的哲学思考完全无法被一般人所理解。

图尔敏还注意到,笛卡尔从来都不屑于掩饰自己对非数学化、非形式化研究方法的蔑视。在笛卡尔看来,尽管这些不严格的方法可以开拓你的眼界,但根本不能加深你的理解。近代的西季威克(Henry Sidgwick)、弗雷格(Friedrich Frege)、罗素(Bertrand Russell)和摩尔(George Moore)都表现出与笛卡尔相似的理论偏好,都热衷于对"概念"和"理论"进行分析性探究。

然而,这种偏见使这样一个事实变得有些难以理解:

在法律、科学、医学等专业领域,"实质论证的方法"总是在老师与学生之间得以传承。老师正是用这些实质论证方法,教会学生如何去判别"好的论证"与"坏的论证",判别"牢靠的结论"与"无根据的结论"。每一个法学老师在讲授"证据的可采信性""初始推定""证明标准"等内容时,其实就是在阐明这些内容。

20世纪初,弗雷格和罗素开启了他们对逻辑学的革新。他们将"逻辑"理解为一个"纯粹形式化的"研究领域,根本无视那些"功能性议题"。他们只谈论"怎样推理才合乎逻辑",根本无视"人们实际上如何推理"。他们将法律人、医生、科学家们所实际使用的推理方法视为需要从逻辑学领域中清除的糟粕。

图尔敏努力走出这种传统哲学的困境。他于1958年出版的《论证的运用》一书体现了他的努力。此书出版后,曾遭到一些哲学家和逻辑学家的严厉批评,认为这是一本"反逻辑的书"。

图尔敏的思考后来逐渐得到一些人的理解和支持。从20世纪70年代开始,一些哲学家才开始重新尝试对实践推理过程进行严肃探究,于是逐渐兴起了"非形式逻辑"运动。人们开始认识到,可靠的和正当的实质论证并非似是而非的夸夸其谈,尽管这种论证不同于欧氏几何学的严格数学证明。

关于分析性的"形式逻辑"和功能性的"实质逻辑",图尔敏曾用两个类比进行说明。第一个类比是将二者类比为"解剖学"和"生理学"。形式逻辑告诉我们,任何一个论证中的命题如何"组合"成一个精致的思维骨架,而实质逻辑则告诉我们,论证(比如法律论证、科学论证、医学论证以及常识论证)中的各个组成要素如何在一起"工作",以及能否在一起工作。

第二个类比是将二者类比为公司中的"会计师"和"业务规划师"——总裁。会计师将过去一年中公司的所有工作都整合到财务报表中,他需要确保该报表的内容是完整的和无矛盾的,进而告诉我们在这一年里公司运作得怎么样;总裁则需要思考和评估公司在下一年开展工作的可能方向,并力图确定一个恰当的方向,以便能合理而均衡地顾及公司的业务需求、发展目标和未来愿景。一方面,任何一个蓬勃发展的公司都需要一个很好的会计师,没有对过去一年清晰完整的了解,不可能制定出下一年的恰当规划。一个"在形式上充分的"关于过去一年的财务报表是制定"成功有效的"未来规划的前提条件。另一方面,一个很好的会计师,却可能是很差的老板,用一句美国谚语来说就是"好的建言者却是差的执行者"。会计师可以对公司的财务状况和生产状况做出严格符合形式逻辑的描述,但公司的未来规划和决策还要涉及诸多与"优先性"有关的实质性的、功能性的非形式考虑,还需要对多种"合理的"方案进行比较和权衡。

实际上,商学院研究生课程中所教授的许多内容都与这种实质性的决策有关:怎样使决策过程公开、及时和合理?怎样比较和评估各种不同的方案?不仅商学院的学生需要学习这种功能性的决策方法,法学、医学、科学学科的学生都需要学习这种"实践推理",都需要学习怎样为一个商业计划、一个司法裁决、一个医疗方案、一个科学假说进行辩护。在这种辩护中,需要考虑问题背景、环境条件、程序规则、论证方法、评价标准、关联度等多方面的现实考虑。

关于论证的形式分析和功能分析,二者之间的关系就如同会计师和总裁之间的关系。在对实际论证过程进行评价时,形式逻辑的角色如同会计师,能够正确地对影响过去业绩的种种因素做出合理的分析,这是一种"回头看"的思维方式;实质逻辑的角色如同总裁,他不仅能够读懂公司的财务状况报表,还需要对未来的各种目标进行评估和选择,还需要"向前看"。

在论证中实际包含着两种不同的"艺术",其中一种是"分析的"艺术,另一种是"论题的"艺术。

第一种艺术所面对的问题是:我论证的方式正确吗(arguing rightly)? 也就是说,我是否会犯会计师可能犯的错误?

第二种艺术所面对的问题是:针对这一特定情形中的这一具体问题,我的论证是否正确,是否具有关联性? 也就是说,这些论证能否适当地满足在当下特定情形中解决当下具体问题所提出的那些实质性要求?

数学模型与法学模型

审辩式思维对数学模型局限性有清晰的认识,因此在审辩式论证中,不仅包含数学模型,而且包含法学模型。

在许多情况下,我们都可以根据经验做出正确的判断,并做出正确的决策。但是,由于不同的研究者各自的经验、观点、倾向、偏好不同,有时候对同一问题会得到不同的结论。例如,客观性选择题能否考察出学生的写作能力? 英语四六级考试成绩是否应作为学位授予的必要条件? 物理系招生是否需要有语文最低分数要求? 古代汉语研究生招生是否需要外语最低分数要求? ……对于许多问题,不同教师的看法相去甚远,甚至截然不同。孰是孰非? 仅凭各自的经验只会争论不休。为了支持自己的观点,双方都可以举出大量的个案,然而个案是不足为据的。这时候,就需要借助统计方法。定量分析可以帮助我们从各执一词的争论中摆脱出来。因此,在论证中尽量采用数学模型成为 20 世纪学术研究最重要的特征之一,也成为 20 世纪学术研究的基本范式。

在实际的论证过程中,人们逐渐认识到数学模型的局限性。这种局限性,突出地表现在以下几个方面:

1. 概率的逻辑基础。今天应用于论证的数学方法大部分基于概率理论之上。然而,概率理论能否应用于涉及人的社会问题研究,尚是一个颇值得怀疑的问题。何谓概率? 通俗地讲即"重复试验中事件发生的可能性"。对于概率概念,"重复试验"是一个非常重要的前提。例如,只有多次重复抛掷硬币,才可能得到正面朝上的概率。倘若是不可重复的试验,如每次抛掷时硬币的重量、质地、成分、形状等会发生变化,就无所谓概率。社会问题研究的对象是人,每个人不仅具有不同的遗传特点,而且经历、需要、欲望、情感、能力等各异。对不同的人进行的观察能否被视作与将一枚硬币多次抛掷相似的重复试验呢? 这个问题的答案至少不是不言而喻的。

退一步讲,即使我们将对不同的人的观察视为重复试验,这种基于概率基础之上的统计规律性能否成为关于有个性的人的决策依据呢? 这仍然是一个需要讨论的问题。即使根据研究我们知道具有某一组神经生理心理特点的人中 90% 难以完成某一水准的学业,我们能否根据这一研究结果而预言一个具有这些神经生理心理特点的人不能完成这一水准的学业呢? 这里,人的能动性是一个不容忽视的因素。不要说预言一个具有能动性、选择性的人,即使是从大量抛硬币的试验中得到的统计规律,对于预测下一次抛掷硬币的结果也是毫无意义的。

归根结底,概率方法是基于归纳逻辑之上的,然而,正如恩格斯早在 ﹍0 多年前所指出的:"按照归纳派的意见,归纳法是不会错误的方法,但事实上它是很不中用的,甚至它的似乎最可靠的结果,每天都被新的发现所推翻。"将归纳法用于研究死的、被动的物理现象尚存在着"不中用"的一面,对于研究能动的、有选择性的人的心理现象,则具有更大的局限性。

2. 显著性检验。社会问题研究中经常运用的一种定量分析方法是显著性检验,包括正态检验、t 检验、卡方检验、F 检验等。通常,只有基于一定的定性分析之上,在一定的问题情境之中,显著性检验才有意义。

当我们用组间比较的方法对一项测验的效度进行论证的时候,我们可能犯两种错误,一种是"接受无效测验",一种是"拒绝有效测验"。统计学将这两种错误分别称为"第一类错误"(或 α 错误)和"第二类错误"(或 β 错误)。犯某一类错误的可能性的减少必然以犯另一类错误的可能性的提高为代价。差异显著性标准越严格,就越不容易犯"接受无效测验"的错误,同时,就越容易犯"拒绝有效测验"的错误。显著性检验标准的设定,需要根据测验的实际应用情况来确定。对于用于飞行员选拔的测验,我们可能会设定较严格的标准;对于用于高中招生的测验,我们可能会设定较宽松的标准。设定怎样的标准,需要基于先于显著性检验的定性分析之上。

3. 相关分析。社会问题研究中另一种常用的定量分析方法是相关分析,包括回归分析、因素分析等。这些定量分析方法可以揭示出事物之间的相关关系。然而,相关并不等于因果。学校早上 8 点上课,商店早上 9 点开门,二者相关性很高,但并不存在因果关系。人类的许多误解都是源于错误地对事物之间的相关关系做出了因果的解释。"重物下落较快"这一错误看法就是由于人们对"质量大"和"下落快"之间的相关关系错误地做出了因果解释。"心脏是思维的器官"这一错误看法就是由于人们对心跳与思维之间的相关关系错误地做出了因果解释。

教育测量总是力图揭示考生的心理属性与教育成果之间的因果联系,从而为教育决策提供依据。相关是因果关系的必要条件,但不是充分条件。能否对相关关系做出因果解释? 仅仅靠定量分析是不够的。

法学模型将社会问题研究视为法庭上控辩双方的辩论。法学模型与数学模型的区别主要表现在:

1. 时间依赖性。数学模型独立于时间,不存在时间维度。$1+1=2$,$2^3=8$,世世代代永远如此。法学模型则不同,有时会表现出与时俱进的特点。在美国,买卖黑奴曾是合法的,而今天已经属于非法。黑人乘坐白人专用的公共汽车曾是违法的,而今天已经成为合法的。1984 年 6 月 30 日邓小平接见日本客人时说:"所谓小康,从国民生产总值来说,就是年人均达到 800 美元……国民生产总值可以达到 1 万亿美元。"2012 年,中国人均国民生产总值已经超过 6 000 美元,总量已经超过 8 万亿美元。"小康社会"是否已经实现? 对此,需要进一步地论证。

2. 领域依赖性。数学模型具有跨研究领域的一致性。$1+1=2$,$2^3=8$,对于各个研究领域是一致的,对于物理学是这样,对于生物学也是这样。法学模型则不同,在不同的研究领域中可能表现出不同的特点。在对于盗窃罪的认定上,盗窃一般民用物资与盗窃军用危险品是不同的。在塑料拖鞋生产车间,合格率标准可以是 95%;在载人航天器关键元件的生产车间,合格率则要达到 99.99% 以上。在作文评分时,误差控制范围可以是总分的 10%;在采用光电读卡器对选择题试卷进行扫描时,误差要求控制在 10^{-5} 以下;在作弊甄别时,误差则要求控制在 10^{-17} 以下。

3. 情境依赖性。数学模型具有跨情境的一致性,在各种不同的情境中,数学模型计算得到的结果是一致的。法学模型则不同,即使在同一研究领域中,对于不同的情境,也可能做出不同的选择。在强奸罪的认定上,受害人是成年人与未成年人是不同的。医师、护士、律师、会计师等职业资格考试的合格标准,关系到患者、当事人和顾客的利益。如果报考者达不到必要的能力和知识要求,患者、当事人和顾客的利益就会受到损害,安全就得不到保障。按照数学模型,"合格标准"应该是全国统一的。但是,在东部沿海地区,如今许多人手握资格证书却找不到工作岗位;在西部偏远地区,却严重缺乏这些方面的专业人才。在职业资格的合格标准设定上,往往需要根据实际情况对合格标准进行调整。

4. 答案的唯一性。借助数学模型,一般可以得到唯一正确的答案。法学模型则不同,依据事实并符合逻辑的答案,往往不是唯一的。

2013 年 7 月 18 日,作为某项职业资格考试专家委员会成员,我与其他委员们共同确定了该项考试 2013 年的及格分数线。考试主持单位从 4 个方面对及格线设定进行了研究。第一是安哥夫方法,第二是借助作为"外锚"的共同题实现的试卷分数等值,第三是以几十所业内骨干学校的近 10 万名考生作为样本的等百分位等值,第四是 2013 年该项专业人员的需求分析。4 个方面的研究结果互相验证,结果高度一致。综合 4 个方面的研究结果,专家委员会最终面临两个候选方案,两个方案仅仅相差 1 分。虽然仅仅相差 1 分,却关系到 12 000 余名考生能否取得职业资格。

事实上,相差 1 分的两个方案都是符合事实的,也都是合理的,"高 1 分方案"有利于保护服务对象的利益,"低 1 分方案"则有利于保护求职者的利益。最后,专家委员会经过无记名投票,选择了低分方案。

低分方案胜出的主要原因是"西部因素"。专家委员会对受到影响的 12 000 余名考生的构成进行了分析,发现其中相当大的比例来自新疆、西藏、青海、甘肃等西部省份。这些地区严重缺乏此类专业人员，缺口巨大。因此，多数专家投票支持了低分方案。从此案例也可以看出，与不受情境因素影响的数学模型相比，法学模型往往需要考虑情境因素。

图尔敏的论证模型

在图尔敏的论证范式或论证模型中，论证不再是简单地收集证据或事实，而是一个持续的、层层深化的、无止境的研究过程，包含资料（datum，D）、支撑（backing，B）、理据（warrant，W）、限定（qualifer，Q）、反驳（rebuttal，R）和主张（claim，C）等 6 个基本要素。

论证的基本过程是：资料（D）和支撑（B）共同构成了理据（W），在接受了反驳（R）之后，经过限定（Q），使主张（C）得以成立。图 1 给出了图尔敏论证的基本模型和论证链条。

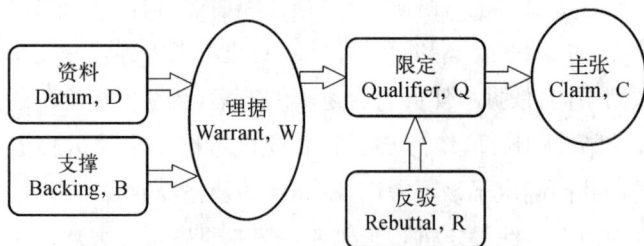

图 1　图尔敏的论证模型

我们以关于高考语文考试有效性的论证为例。资料是经过实证研究的，即高考成绩与大学一年级各科平均成绩具有显著相关。必要条件的支撑包括：大学中的课程考试成绩可以反映出学生的大学学习水平、研究样本具有足够的代表性、大学课程考试的评分是公正的、高考中不存在作弊现象、大学课程考试中不存在作弊现象……资料与支撑共同构成了理据：高考语文考试对于预测大学学习表现是有效的。反驳是：数学系学生的大学各科平均成绩与高考语文成绩之间的相关不显著、某国际物理大赛金奖获得者语文高考成绩很低……限定是：结论不适用于数学系的学生、结论不适用于国际物理大赛金奖获得者……图 2 给出了关于高考语文考试有效性的论证过程。

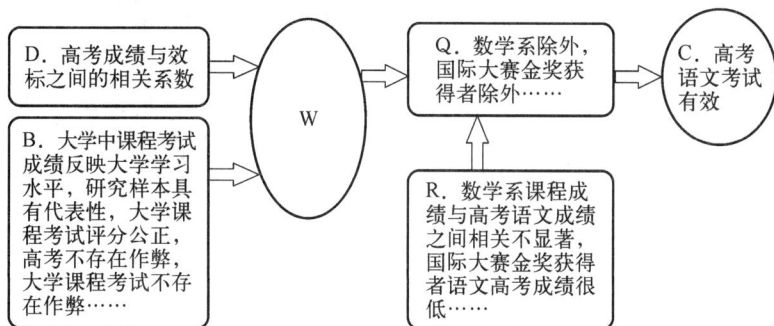

图 2 高考语文考试的效度论证过程

　　支撑某一个论证层次的必要条件,可以是另一个论证层次的结论。例如,"大学学习成绩可以反映出学生的大学学习表现",在关于高考的有效性论证中,这是支撑的必要条件,同时,这也可以成为另一项关于大学课程考试效度研究的结论。某一个论证层次的反驳,可以是另一个论证层次的结论。例如,"数学学习与高考语文成绩无关",在关于高考的有效性论证中,这是一个反驳,同时,这也可以成为另一项关于大学数学系学生成绩的研究结论(图 3)。

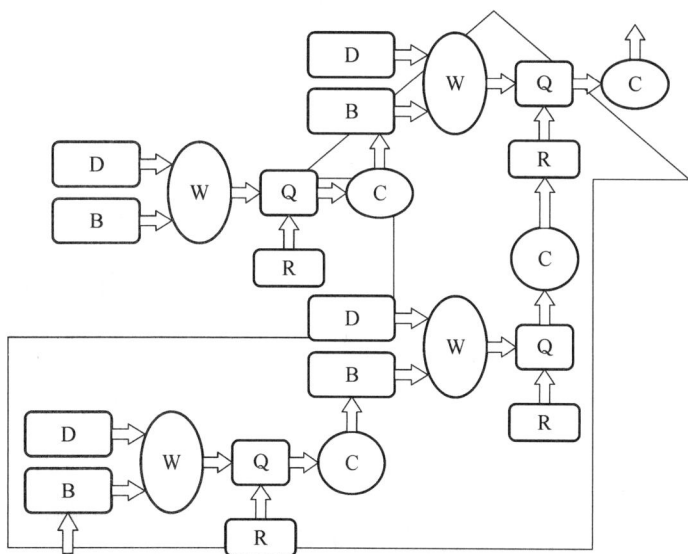

图 3 基于图尔敏模型的论证链条

　　这往往是一个没有起点的无限的论证链条。为了展开有意义的论证，我们需要约定论证的起点。实际的论证过程，只能是一个有限的、约定范围的论证过程。由于可以约定不同的起点和不同的前提条件，就可能出现不同的论证结果，出现基于相同事实的多种结论。

第六章　审辩式思维的培养

第一节　中国留学生关于审辩式
思维教学的感受

培养和训练人的审辩式思维,主要体现在学校的教学过程中。不同的教学方针、教育理念和教育制度,对此有相当大的影响。对比中美两国的学校教育在这方面的做法与效果,可以给我们带来一些深入的思考。

我这里有两封来信,写信人都是我的硕士研究生,都在国内获得硕士学位之后到美国攻读博士学位。

2012 年 1 月 22 日的来信

……这里每节课老师都布置近百页的阅读内容,挺有挑战性的。课外要做的功课非常多啊。而我觉得最大的挑战是课堂讨论。这边的老师很注重在课堂上讨论问题、交流看法,美国学生们课下都铆足了劲儿准备,一到课上就争先恐后发表看法,或是质疑阅读材料,或是提出自己的见解,第一堂课我就震惊了,好一帮咄咄逼人、气势汹汹的学生啊!……希望以后能跟美国学生一样做好准备,课上挑战教授。

2014 年 4 月 17 日的来信

我对审辩式思维的感触太深了!到美国学习之后,最大的感触就是学生们的审辩式思维能力都很强。尤其是刚来的时候,上课讨论,人家问"What's your opinion",我当时的第一反应真的是"I don't have any opinion"。难道这玩意不是有一个正确答案等着我的吗？后来，我才开始培养自己的审辩式思维能力，这是我这两年慢慢才开始意识到，并且主动去培养的技能之一，希望不要太晚。当然这和美国的社会制度有关，相对国内而言比较自由，各种声音都有一席之地。而另外一方面，就像您之前的文章写的，这和我们在国内从小受到的教育形成的思维定势有关。

这里的每一个教授都刻意训练学生的审辩式思维能力，我不了解初高中的情况。单说我们系里面，每个本科生在大一的时候都要上一门英文写作课，这门课当然也是为了提高学生的写作能力，而训练学生的写作能力，不仅仅是谋篇、布局、写作，提高外在的文字水平，很大程度上这门课训练的就是学生如何写好一个 argument（论证）。这个 argument 的核心，我个人觉得就是审辩式思维能力。

当然，这和我们系的传统也有很深的渊源。在我们系的理念里，修辞和写作是息息相关的。怎么写好一个 argument，很多时候都是依靠古希腊先哲们的理论基础，比如亚里士多德的《修辞学》，集中讨论了形式逻辑、三段论、演绎式推理等等。柏拉图的对话录（我只看过《高尔吉亚》），也在很大程度上是两个人的辩论体裁。利用这些先哲 argument 的要点，来提高现代学生的写作水平，也是这个专业研究的重点之一。

教师在教学时，会刻意教育学生如何写好一个 argument，评价学生的作业，也会从语法逻辑等方面进行考察。NCTE（全美英语教师协会）的会议上也有很多类似的教科书。学校专门有 Innovation Center（创新中心），主要是帮助教师们在教学中提高学生的审辩式思维能力。

在测试审辩式思维能力方面，我们系似乎一直和美国教育测验服务中心"唱反调"，我们系里大部分的论文都是批客观性试题的。当然，其前提不是大规模考试。他们的论题是，写作应该怎么测？他们的论点也不外乎是客观性试题效度不够，评分员一致性不够，构念没有统一。测试的作用主要是提高学生下一次写作能力，教师给了评语，学生再继续修改，这一来二去的过程才能帮助提高学生写作能力。所以,感觉这边还是很提倡 authentic assessment(真实性评价)、formative assessment(形成性评估)和 portfolio assessment(档案式评估)的。

第二节 《德尔菲报告》关于审辩式思维教学的建议

美国哲学学会关于审辩式思维的《德尔菲报告》中,针对审辩式思维的教学,向教师、家长和校长们提出了系列建议。

1. 所有审辩式思维课程的教学都应以培养优秀的审辩式思维者为目标,即学生能够积极、自信、理性地运用审辩式思维的各种认知技能,解决学习和日常生活中的各种问题。教师的责任是帮助学生将自信建立于自身的理性力量之上,而不是建立在那些死记硬背的教条之上。教师应努力帮助学生形成开放的心态,习惯于考虑多种可能性。

2. 只有在解决问题的过程中才能真正发展起审辩式思维的人格气质和认知技能。如果一个人熟练地掌握了审辩式思维的技能,却仅仅停留在"思考",而不能将思考的结果应用于解决实际的问题,他就不能被视为一个具有审辩式思维的人。

3. 审辩式思维教学应该是一个完整的系统,包括人格气质和认知技能两个维度。不要仅仅将注意力集中在那些容易学习和测试的认知技能上,同时要关注审辩式思维的人格气质维度。审辩式思维人格气质对于将审辩式思维技能有效地应用于个人生活和公共生活的广阔领域至关重要。

4. 从幼儿园开始就需要注意发展儿童的审辩式思维。例如,引导儿童学习推理,收集相关事实,学会考虑各种不同的可能性,学会理解他人的想法。教育系统需要从小帮助儿童养成以审辩式思维为特征的良好的思维习惯,强化相关实践,帮助儿童不断向着自我完善的方向进步。对教育系统提出这样的要求,既是合理的,也是可行的。审辩式思维教学不应仅仅针对那些准备上大学的人,也不应从大学阶段的教育才开始。那些推迟到学生进入大学以后才开始的审辩式思维教育,往往成效甚微。

5. 不论是专门的审辩式思维课程,还是具体的学科课程,所有的学校正规课程中都需要包含一个清晰的有关审辩式思维的教学和评价的部分,都应该明确提出审辩式思维发展方面的课程要求。

6. 在教育的各个阶段,都需要给予审辩式思维足够的关注,都需要将发展审辩式思维认知技能和人格气质作为一个清晰的教学目标。在小学阶段,需要注意培养儿童的审辩式思维人格气质,注意发展儿童的理性思维能力。在初中和高中阶段,应将对审辩式思维技能和气质的培养整合进各个不同学科的教学活动之中。在大学阶段,需要开设审辩式思维方面的独立课程并应开发出诊断审辩式思维发展水平的测试工具。尽管高等教育阶段的审辩式思维发展项目通常由哲学系承担,但是,原则上讲,每一个学术机构都需要为学生提供一些发展审辩式思维的教学项目,都有责任帮助学生发展审辩式思维技能和气质,都有责任帮助学生提高审辩式思维水平以应对教育的、个人的和社会公众的种种难题。

7. 在教育的各个阶段,都需要提出审辩式思维方面的最低要求。在每个年级的升级评价、高中毕业考试、大学入学考试和研究生入学考试中,都应包含审辩式思维方面的最低要求。

8. 教师应成为审辩式思维人格气质的模范,应成为有效运用审辩式思维认知技能的模范。只有在教师榜样的带动下,学生的审辩式思维才可能得到较好的发展。

9. 在任何一个学科领域中,教师都应该鼓励学生的好奇心,鼓励学生提出问题,提出不同看法,提出听课中遇到的困难。教师应对这些学生提出的不同看法展开讨论,予以澄清。对于学生提出的问题,不能仅仅教条地、武断地告诉学生"应该如何",而且需要告诉学生这样做的理由。

10. 在专门的审辩式思维教学中,讨论的话题不应仅仅限于事实判断,也不应仅仅限于学术领域,还需要包括社会规范、道德、伦理、公共政策等方面的考虑。

第三节　以学生为中心的教育和学习

个性化教育

工业化是一个以牺牲个性为代价来追求效率的时代,伴随工业化的进程,学校也成为批量化生产劳动力的"人才工厂"。近代的学校大大地提高了教育的效率,为此,也付出了巨大的代价——教育中人的个性的丧失。在希腊神话中有一个强盗叫做普洛克路斯忒斯(Procrustes),住在埃莱夫西斯附近。普洛克路斯忒斯有一张铁床,强迫被捉到的人躺在床上,把身材矮小的拉长,把身材高大的截短,使他们的身体与铁床的长短相等。现代的学校恰像一张普洛克路斯忒斯的铁床:不管人的个别差异,将快的拉慢,将慢的拉快。"小学数学"所规定的 6 年的教学内容,有的孩子可能仅仅用 3 年就可以学完,但他必须跟着全体学生"齐步走"。为了培养审辩式思维,必须打破这张"普洛克路斯忒斯铁床",必须对学生进行个性化教育,使学生在学校中实现自主学习。

2009 年 10 月,澳大利亚维多利亚州汉语教师培训中心主任简·奥登(Jane Orton)与北京语言大学教育测量研究所的研究生们进行了一次座谈。座谈中奥登谈了一个观点:个性化教学植根于西方的文化传统之中。个性主义(individualism)与基督教、天主教和犹太教的文化传统有关。按照基督教的教义,不论穷富,不论国王或乞丐,不论教授或文盲,一个人进天堂或进地狱,完全要由他自己决定。这里,父母、老师、牧师的努力,或任何其他人的努力,都不能替代。每个人都要为自己的行为负责,都要为行为的后果负责。只有你能够把自己送进天堂,别人都不能替代。

奥登的看法可以为我们带来一些启发。伴随工业化过程出现的现代学校,确实提高了教育的效率。教师职业资格制度的形成,也在一定程度上提高了教育的质量。但是,付出的代价是学习过程中个性的丧失。

学生是有好奇心、有求知欲、有情感的人,拥有不同的性别、成长经历、生活环境以及智力和心理发展的水平,他们的好奇心和求知欲,并不是统一的教科书和统一的课堂教学可以满足的。不同的学生需要借助不同的学习资料以不同的方式来满足自己的好奇心和求知欲,来完善自己的人格,来发展自己的能力。

我们需要尊重学生之间的个别差异,尊重学生的个性,把像工厂生产标准化产品一样生产统一规格的毕业生的过程,变为个性化的教育。

显然,今天的许多学校还不具备个性化教育的条件。首先,受到班级规模的制约,在超大班额的条件下很难实现个性化特点的教学。其次,受到师资水平的制约。以语文课为例,个性化教学对语文教师有更高的要求,那些习惯于听写生字、抄写课文、根据教学参考书分析课文的语文教师,将面临极大的挑战。第三,受到阅读材料的制约。符合不同年龄儿童心理发展规律和语言习得规律的阅读材料,还有待开发。

学习过程不应是知识的"灌输",也不应是简单的技能"训练",而应是思维能力的"发展",使学生成为好的阅读者和好的思考者。例如,语文课的学习活动可以包括:师生共同制定一个阅读和写作的专题,然后学生自主阅读,教师个别辅导,举办小讲座,进行字词句的练习;最重要的环节是小组讨论,讨论中大家分享自己在阅读中的独特发现、思考、感受和思想火花,为下面的写作实践提供灵感;然后就是写作环节;最后是汇报演讲。学习过程对于教师和学生来说是一个享受思考和探索的乐趣的过程。这种教学模式不会使语文教师更忙碌,只会使他们的工作更有意思。试想,教师不再指导所有学生分析一篇课文,不再给学生听写、默写,批阅这些答卷,而把这些大家都感到无聊的时间用于分享彼此的阅读心得和写作成果,对于教师和学生,这不是更有意义和更有意思的事情吗?

"教师主导"与"自主学习"之间的两个主要区别是:前者以教师为中心,教师是学习过程的主导者;后者以学生为中心,学生是学习过程的主导者。在学习中,前者是"要我学",是一个被动的过程,而后者是"我要学",是一个主动的过程。

在自主学习中,教师不再是知识的传递者,不再仅仅把正确答案告诉学生,而是在学生自己探索的过程中遇到问题的时候,向学生提供帮助。

"教师主导"的教育深深植根于中华传统文化之中。"尊师"是中华文化的重要特征,具有深厚的历史渊源。今天,在多数学校中,教师还是学习过程的主导者,学习过程主要还是"要我学"的过程,而不是"我要学"的过程。学校中仍然大量采用全班、全校、全省甚至全国的统一教材。学校中仍然由教师、学校领导、教育局领导,甚至是教育部领导来为学生选择教材,而不是学生根据自己的已有水平和兴趣,在教师精心挑选和推荐的书目中自己选择教材。

我们需要认识到,为了跟上新一轮学习的学习革命,为了开发我国的人力资源,需要重新思考学习过程中教师的作用,需要更多地鼓励学生依靠网络的支持进行自主的探索性学习。

我们需要把学生从"配角"变成"主角",把曾经是主角的"教师"变成作为配角的"助学者"。

自主阅读

2014年8月,我看到这样一条消息:美国的一个网站"捐助选择"(Donors Choose)在2013年共收到83 962份来自教师的关于捐助的申请。他们提出的捐助申请五花八门,几乎无奇不有,但是,提出要求最多的是书。统计显示,美国教师们最需要的是教室中的书,他们希望有更多的书来充实他们教室中的小书库。在过去的一个学年中,教师们提出的捐助申请包含258 384本书,这些书覆盖了各个学科、各个年级。往往一个教师会就一个题目申请几个不同版本的书。报道中说:"为了培养孩子对阅读的喜爱,教师们总是尽力满足孩子在阅读方面一切的需要。"

"捐助选择"网站宣布,凡是在当年8月22—24日这个周末愿意向教师捐书的人,只需要支付书价的一半费用。另一半费用将由盖茨基金会支付。

看到这条消息,我想到一件往事。2010年6月8日,我和几个研究生去探访北京的一所打工子弟小学。校长带领我们参观了学校。我们看到,学校并没有专设的图书室,仅仅在校长办公室中摆有两个书架,书架上摆放的不过是一些复习资料和习题集。

与我同去的一位已经毕业并事业有成的研究生对校长说："我想买一批书送给学校。"

校长的回答大大出乎我和我的研究生们的意料。这位毕业于中等师范学校、曾多年担任教师的校长明确地、直截了当地回答说："我们不需要书，我们现有的书足够孩子们读了。"

这位校长的头脑中根本就没有这样的意识：孩子们拥有不同的性别、成长经历、生活环境以及智力和心理发展的水平，他们的好奇心和求知欲既不是一本教科书可以满足的，也不是一两本大人眼中的"好书"就可以满足的。不同的孩子需要通过读不同的书来满足自己的好奇心和求知欲。

我曾经与北京师范大学心理系主任、专门从事儿童阅读研究的舒华教授讨论小学语文教育问题，她说："绝不是孩子不爱读书，问题在于孩子没有好书可读。"我认同舒华教授的看法。为了满足具有不同个性的儿童的胃口，我们需要为他们准备品种多样的"可口"的精神食粮。为了培育儿童们的阅读兴趣，我们需要为他们准备足以引起他们兴趣的阅读材料。我想，这是家长、教师、作家和出版社共同的责任。

2013 年，仅仅一个"捐助选择"网站，就收到了来自美国的 8 万多名教师提出的 25 万多本书的捐助申请。有多少中国教师有类似的要求呢？我们需要认真思考。

作为教师，有必要为学生准备足够的符合学生"胃口"的学习材料。有条件的学校，可以考虑在每一个教室里摆一个小书架，书架上放的应是适合特定年龄阶段的阅读材料。这些材料可以包括各种体裁，如连环画、童话、对话、短文、短信、日记、游记、新闻、小说、报告文学、诗歌等等。这些材料可以包括各种题材，可以涉及社会生活、文化习俗、历史、政治、军事、娱乐等等。有了小书架以后，孩子们将不会再把郑渊洁的童话、杨红英的"马小跳系列"藏在自己的课桌里，趁老师不注意时偷偷地看，而是可以堂而皇之地在课上看，并和其他同学谈论读书心得。也许老师们会发现，平时沉默的孩子这时会变得滔滔不绝。

阅读材料，必须是教师为儿童精心挑选的，必须在字词量、内容、语言特点、难度、长度等方面适合特定发展阶段的儿童。为孩子们准备他们爱读的"好书",是每位教师的重要责任。

准备好小书架以后,学生可以选择阅读自己有兴趣的材料。当学生在阅读中遇到字词、背景知识、语法、逻辑、理解等方面的问题时,教师可以提供帮助。教师要鼓励或要求学生在阅读后提供书面和口头的读书报告,通过准备读书报告来发展学生的书面和口头表达能力。这样,学生不再处于被支配的地位,而成为学习活动的支配者;不再是教科书的奴隶,而成为阅读材料的主人。

教育增值

近几年,"增值"(value-added)成为教育领域中的热门话题。人们认识到,由于学生的原有基础不同,仅仅根据一个学习阶段的结业水平对学生、教师和学校进行评价是不合理的。相对于一个学习阶段结束时的终结性评价,"增值评价"更重要。在学习中,需要更多地关注学生经过学习以后获得了多大程度的进步和增值,需要关注教师和学校在帮助学生获得增值方面所发挥的实际作用。

我们曾经谈到的美国两个大学联盟共同推广的"自愿问责系统"(VSA)中,就包含一套关于"增值"的测试和计算方法。根据这种方法,在学生入学和毕业时向同一组学生进行一项反映"核心教育成果"的测试。通过计算两次的成绩差异,对学生的"增值"情况进行评价。

增值固然是一种教育评价标准,更是一种学习理念。如果以学习的"增值"理念来审视今天的学校教育,不难发现,即使在一些办学条件很好的学校中,增值效应也是很有限的。对于许多儿童,在学期开始的时候,他们其实已经掌握了一个学期中所学的语文知识和算术知识。一个学期的课堂学习,对于这些儿童的增值效应是很有限的。

其实,早在半个多世纪以前,中国教育改革的一些先驱者就已经意识到"教育增值"的问题。大约在1960年5月,北京师范大学实验小学的领导安排我从小学二年级跳级到三年级。他们知道,我当时已经完全掌握了小学二年级教学大纲中包含的教学内容,如果让我继续留在二年级学习,学习增值效应几乎是零,这无疑是一种生命的浪费。于是,我成了一个获得更多学习增值机会的幸运儿。与同时进入小学的同学们相比,我提前一年结束了小学的学习。半个世纪后的今天,难道不应该让更多的儿童像当年的我一样成为幸运儿吗?难道不应该让更多的儿童获得更多的学习增值的机会吗?

教育机关所关注的不应仅仅是每个学生是否掌握了教学大纲中所规定的内容,更应关注每个学生是否获得了增值的机会。

第七章 审辩式思维的测量工具

第一节 审辩式思维水平测试(CTT)

美国哲学学会关于审辩式思维的《德尔菲报告》中,对审辩式思维的测试作了如下建议:

1. 在开发审辩式思维测试工具时,需要重视测试工具的质量保证,需要对测试工具的效度(有效性)、信度(可靠性)和公平性进行检验。审辩式思维测试应避免测试那些仅仅依靠死记硬背就可以答对的题目,应避免考查对特定知识内容的记忆。审辩式思维测试应力求使那些具备审辩式思维的学生在测试中具有优势,应避免使那些不具备审辩式思维的学生仅仅凭借记忆力在考试中取得好成绩。审辩式思维测试的题目与题目之间应该具有正相关,测试的各个部分之间应该具有正相关。对此,应该进行统计检验。在包含主观评分试题的测试中,应对评分者之间的评分一致性进行检验。

2. 审辩式思维评估应尽量既包含认知技能方面的考查,也包含人格气质方面的考查。

3. 审辩式思维评估应经常性、持续性地进行,既应包含诊断性评估,也应包含总结性评估。根据评估内容和学生所处的学习阶段的不同,应使用不同的评估方法。评估结果需要反馈给学生、教师、家长和相关机构,使相关人员都可以尽量清晰地看到学生审辩式思维的提高和进步。这种关于学生进步的清晰的反馈信息,不仅可以促进课程目标和课程计划的改进,而且可以成为教育政策制定的依据。

参考《德尔菲报告》的这些建议,结合我国 30 年来公务员录用测试中的大量经验教训,特别是在编制《行政职业能力测验》中的切身体会,我和同事们开发了"审辩式思维水平考试"(CTT)。

CTT 的考试对象可以包括小学、中学和大学学生,机关、企业、事业单位的求职人员。考试的主要用途包括:企业的招聘录用考试和晋升评价、各级各类学校的招生和审辩式思维课程的教学评价。

试卷设计主要借鉴图尔敏论证模型(参见本书第五章第二节)。在图尔敏的论证模型中,包含了资料(D)、支撑(B)、理据(W)、限定(Q)、反驳(R)和主张(C)等 6 个基本要素。论证的基本过程是:资料(D)和支撑(B)共同构成了理据(W),在接受了反驳(R)之后,经过限定(Q),使主张(C)得以成立。

考虑到信息技术的快速发展,考虑到考试的有限规模,考虑到操作的便捷性和安全性,考虑到成绩报告的时间性,CTT 采用笔考和机考平行的方式进行。根据用户需要,既可以笔考,也可以机考。

CTT 试卷包含 5 种题型,共 40 题(表 3)。

表 3　CTT 的试卷结构

题　型	语料数	题目数	每题分值	总分值	参考时限
题型一	4	4	3	12	6 分钟
题型二	4	4	3	12	6 分钟
题型三	6	6	3	18	9 分钟
题型四	6	6	3	18	9 分钟
题型五	4	20	2	40	25 分钟
总　计	24	40	—	100	55 分钟

CTT 的题型是我和同事们反复讨论和斟酌的一个难题。在题型的选择上,一般来说,主观性试题对评分队伍的水平有较高要求,客观性试题对命题人员的水平有较高要求。CTT 测验作为一种新的考试方式,一方面缺乏编制客观性试题方面的经验,另一方面也很难保证评分队伍的水平。

显然,从考试的效度出发,从 CTT 的测量构念出发,最好采用主观性试题。但是,今天我们还很难就"何为审辩式思维"取得广泛的共识,还很难对审辩式思维这一概念(构念)进行清晰的界定。在这种情况下,与其寄希望于在数量众多的阅卷人之间取得共识,不如寄希望于在少数命题人和审题人之间取得共识。另外,CTT在未来的实际应用中,在短时间内组织高水平的阅卷员来评阅试卷的可行性很低。综合科学性、有效性、评分一致性、经济性、可行性等多方面的考虑,经过权衡,最终课题组决定考试全部采用可以机器阅卷、可以实现机考的客观性试题,试题全部是四选一的选择题。

考虑到CTT主要是作为常规考试的备选补充测试工具,题目不宜过多、时间不宜过长。最后,课题组确定试卷题量为40题,时限为55分钟。

题型一从形式上看与测试分析性推理的阅读理解和演绎推理的题型是一样的。但是,题型一将考查考生"突破定势"的能力,考查考生"不懈质疑"的能力,考查考生"挑战成说"的能力。这种质疑,不是标新立异,不是异想天开,而是合理地质疑既有观念。此题型可以被称为"定势题"。

题型二重点考查考生在给定支撑(B)的条件下,对资料(D)与主张(C)之间的关系的评估能力,对"事实在多大程度上可以对命题提供支持"的判断能力。一般情况下,要求考生从作为备择项的4个事实中选出可以对命题提供最有力支持的一项。此题型可以被称为"事实题"。

题型三重点考查考生能否理解"只有资料＋支撑才能形成理据",重点在给定资料和支撑的情况下,要求考生判断哪些陈述可以成为支撑,哪些陈述不能成为支撑。此题型可以被称为"条件题"。

题型四重点考查考生能否判断哪些反驳(R)需要予以认真对待。每一个命题论证时都可能遇到种种的"反驳"。其中,有些是合理的,是需要认真对待的,在认真对待的基础上,接受或拒绝。如果反驳被接受,就需要对支撑进行限定(Q)。另一些R是不合理的,不必认真对待。此题型可以被称为"反驳题"。

题型五为"题组",包含一段较长的语料,给出一个较复杂的情景,通常包含5个问题。综合考查考生面对复杂问题的审辩式思维能力。此题型可以被称为"综合题"。

"审辩式思维水平考试"(CTT)样卷

指导语

这是一项考查审辩式思维能力的测试,共 30 题。题目全部是四选一的选择题,请在阅读题目后,选出你认为最合适的一项。

第 1 题

正是由于有人像哥白尼、开普勒那样执着地坚持长期得不到实践支持的理论,有人像伽利略、牛顿、爱因斯坦那样大胆地怀疑得到无数实践支持的理论,科学才得以进步。

这段话支持了这样一种观点:

A. 实践是检验真理的唯一标准。

B. 实践是检验真理的标准之一。

C. 有些实践不能成为检验真理的标准。

D. 实践是我们关于真理的认识的来源。

第 2 题

宋朝时,中国的京城开封是东方的贸易中心,人口在 100 万人以上,当时欧洲的贸易中心是威尼斯,人口只有 15 万人。明朝时,郑和于公元 1405 年开始第一次远航,率领着当时世界上最强大的舰队,人数达到 2.8 万人。哥伦布于公元 1492 年开始第一次远航,当时的船队人数不足百人。根据经济史学者安格斯·麦迪森的计算,1820 年中国的 GDP 占世界 GDP 总量的 32.9%,居世界第一,大于当时全部欧洲国家的总和。但在经济高度发达的中国并没有生长出先进的政治制度。从鸦片战争开始,中国就跌进了丧权辱国、积贫积弱的深渊。到 1900 年,中国的 GDP 在世界 GDP 总量中的比重跌到 6%。到 1949 年,这一比重只有 4%。

这段话支持了这样一种观点:

A. 只有社会主义才能够救中国。

    B. 经济基础决定上层建筑。

    C. 生产关系不是被生产力所决定的。

    D. 生产关系决定生产力。

第 3 题

原中国科技大学校长朱清时院士在介绍"弦论"时说:"弦论可以用来描述引力和所有基本粒子。它的一个基本观点就是自然界的基本单元,如电子、光子、中微子和夸克等等,看起来像粒子,实际上都是很小很小的一维的弦的不同振动模式,好像小提琴的弦。小提琴弦的一个共振频率对应一个音阶,而宇宙弦的不同频率的振动对应不同的质量和能量。所有的基本粒子,如电子、光子、中微子和夸克等等,都是宇宙弦的不同振动模式或振动激发态。……我们现实的物质世界,其实是宇宙弦演奏的一曲壮丽的交响乐!"

这段话支持了这样一种观点:

    A. 物质是第一性的,精神是第二性的。

    B. 必须坚持唯物主义的世界观。

    C. 不能再将物质视为一种客观实在。

    D. 在微观尺度上能量守恒定律不成立。

第 4 题

2013 年 3 月 7 日出版的《中国新闻周刊》刊登了该刊记者周政华关于小岗村的报道,报道中说:"2012 年,在每平方公里的土地上,华西村创造的产值是 13 亿元,南街村是 6 亿元,而小岗村只有数百万元。"据此,有人认为,中国的农业合作化运动是正确的,小岗村背离农业合作化方向的做法是错误的。

这一推论能够成立的最重要前提是:

    A. 发展生产力是农业发展的最主要目标。

    B. 共同富裕是农业发展的最主要目标。

    C. 华西村、南街村和小岗村的人口数量差距不大。

    D. 华西村、南街村和小岗村拥有的土地数量差距不大。

第 5 题

某年共有 187 321 人参加了某省的公务员统一录用考试。对此次考试成绩的分析结果显示，考试成绩与学历的相关达到 0.331，显著性达到 0.01 水平，即考试成绩与学历显著相关。据此，相关部门认为，此次考试是有效的。

这一推论能够成立的最重要前提是：

A. 211 学校学生的平均考试成绩高于普通一本院校学生的平均考试成绩。

B. 博士生的平均考试成绩高于硕士生的平均考试成绩。

C. 男女考生群体的平均成绩差异不显著。

D. 就人口总体讲，高学历人群的能力高于低学历人群。

第 6 题

中国平安保险股份有限公司是中国第一家股份制保险公司，也是第一家引进外资的保险公司。中国平安在香港和上海上市时，汇丰集团都是最大的外资股东。汇丰 2002 年以 6 亿美元（相当于 50 亿人民币）投资平安。平安集团 H 股于 2004 年 6 月 24 日在香港成功上市，发行价 11.88 港元，其后最高曾达到 124 港元。平安 A 股于 2007 年 3 月在上海上市，股价最高时曾达到 149 元人民币。截至 2014 年 7 月底，集团总资产已经超过 4 000 亿人民币。据此，有人认为，国际金融资本通过投资中国金融机构，攫取了丰厚的利润，借助不合理的国际金融秩序，从中国掠夺了巨额的财富。

这一推论能够成立的最重要前提是：

A. 平安 A 股上市后曾经跌破发行价。

B. 平安 H 股和 A 股的当前价格都远远高于上市时的价格。

C. 汇丰至今仍然持有曾经购入的全部 H 股和 A 股。

D. 汇丰已经以远高于买入价的价格出售了全部的平安股份。

第 7 题

一般认为，反映贫富差距的基尼系数的警戒线是 0.4。根据 2014

年1月18日国家统计局公布的统计数据,我国2013年的基尼系数是0.473,高于警戒线。根据西南财经大学家庭金融调查中心的调查结果,我国基尼系数在0.6以上。据此,有人提出,应该尽快开征遗产税,调节贫富差距,控制两极分化。

不构成这一推论前提的一项是:

A. 征收遗产税将促使富人卖出多余的房产,可以使快速上涨的房价受到抑制。

B. 征收遗产税导致的资金外逃不会对中国经济造成重要损害。

C. 征得的遗产税将在就业、医疗、养老等方面提高社会保障水平。

D. 通过提高社会保障水平来增加低收入群体的消费能力,可以促进经济的发展。

第8题

在2008年北京奥运会上,中国体育代表团获得了51块金牌,位于金牌榜首位。据此,有人认为,中国的体育运动水平已经处于国际领先水平,通过开展体育运动,成功地增强了中国人的体质。

对于这一推论,最有力的一项反驳是:

A. 虽然中国获得的金牌数位于首位,但获得的奖牌总数却比美国少。

B. 主办国在奖牌的竞争中往往处于有利地位。

C. 中国足球队在2008奥运会中一场未赢。

D. 按人均数量计算,中国获得的金牌数低于世界的平均数。

第9题

北京市城镇居民人均可支配收入2004年为15 637元,2013年增至40 321元,增幅达158%。同期,北京市商品住宅销售均价2004年为每平方米4 747元,2013年增至每平方米23 442元/米,增幅为394%。10年间,北京市的房价上涨明显快于居民收入的增长。因此,一些人主张尽快开征房产税,抑制房价过快上涨。

对于这一推论,最有力的一项反驳是:

A. 房屋实际拥有情况的调查非常困难,一些拥有多套房屋的人可以以没有房产的亲朋好友的名义代持。

B. 一些拥有多套房产的家庭可以假离婚的方式来规避征税。

C. 不同户型的面积差异巨大,有的人可能拥有一套 300 平方米的住宅,有的人可能拥有两套 60 平方米的住宅。

D. 绝大多数拥有多余房产的人将多余房屋出租,房产税会转嫁到租户头上,推高租金。

第 10 题

人口统计资料显示,中国的人口从 1919 年的约 45 000 万增加到 1949 年的 54 167 万,30 年间平均年增长率为 0.609 5‰;从 1949 年增加到 1979 年的 96 259 万人,30 年间平均年增长率为 1.935 1‰;从 1979 年增加到 2009 年的 134 000 万人,30 年间平均年增长率为 1.108 8‰。在 3 个 30 年中,1949 年以后的 30 年间人口增长率最高。据此,有人认为,1949 年以后的 30 年是中国人总体生活水平提高最快的 30 年。

对于这一推论,最无力的一项反驳是:

A. 从 1979 年以后,计划生育工作得到了很大的加强。

B. 在 1949 到 1979 年期间,印度的人口也呈现快速增长的局面。

C. 在 1960 年前后,中国的一些地区曾出现过大面积非正常死亡现象。

D. 1949 年与 1979 年中国 GDP 在世界 GDP 总量中所占比重大体持平,在 5% 左右。2009 年,这一比重上升到 8%。

第 11—15 题

在国家公务员局组织的关于公务员录用考试的学术研讨会上,甲在发言中主张取消省级以上机关的公务员录用考试,以遴选取代考试录用。他说,现行的考试录用方式显然是一种"才能优先、兼顾品德"的选择,甚至是一种"才能优先、不顾品德"的选择。现行选拔过程包含资格审查、笔试、面试、体检、考察等环节,实际上很难对报考者的"德"进行考察。从 2012 年起,省级以上机关将 2 年以上基层工作经验作为报考资格。这一举措尚不足以解决对"德"的考查问题。作为政府工作人员,为人民服务的精神可能比智力更重要。为了保证省级以上政府机关的公务员素质,省级以上机关工作人员应全部从基层公务员中遴选。这样,不仅可以克服录用考试的局限性,降低辅导机构对录用考试的公平和效率造成的损害,更重要的是,可以对"德"进行有效的考查。通过若干年的基层公务员的工作经历,我们可以对一个人的"德"做出更客观、更有效的评价。

近几年,在中组部、人社部的部署下,已经启动了从基层遴选中央机关公务员的工作,已经有一批在地方工作的公务员通过严格的遴选程序进入中央机关工作。这是很好的尝试,应该加以推广,推广到所有省级以上机关的新增人员选拔。

取消省级以上政府机关的考试录用,与"凡进必考"的原则没有丝毫冲突。省级以上机关从基层遴选的公务员,都是通过考试进入基层政府机关工作的,都是通过考试录用的。

对于党政部门中的监察、纪检、审计、财税管理、工商管理等岗位,尤其应该坚持"品德优先"。对于政府机构中的计算机维护、软件开发、经济政策分析等岗位,可以采用"才能优先"的政策。

乙不同意甲的意见。他说,如果按照甲的建议取消省级以上公务员的录用考试,省级以上的公务员都从有若干年实践经验的基层公务员中甄选,那么,就会有一批能力优秀的毕业生,尤其是985和211学校的毕业生,由于不愿到基层工作,放弃报考公务员。那么,在公务员的报考队伍中,就会流失一大批才能优秀的年轻人。

遴选与考试,区别很大。两汉的察举制被人诟病为"举秀才,不知书;举孝廉,父别居。寒素清白浊如泥,高第良将怯如鸡",魏晋南北朝的九品中正制被人抨击为"世胄蹑高位,英俊沉下僚","上品无寒门,下品无世族",这都是遴选的结果。隋唐以后的科举制则克服了这些弊端。考试,依靠的是制度,是客观、公平的测量;遴选,依靠的是人,是个人的经验和主观的判断。遴选具有很大的主观性,不仅依赖于个人的眼光,还依赖于个人的品德。一旦承担遴选责任的人品德出现问题,不能任人唯贤,公平不再,那么,效率自然无存。"凡进必考"就是要用制度来制约选人用人中的主观随意性,制约以权谋私,从而保障公平,保障效率。在公务员选拔方面,公平必须优先于效率。

虽然基层公务员都是通过考试进入基层政府机关工作的,能力应该是有保障的,但这不能成为基层公务员进入省级以上机关免考的借口。省级以上机关仍须借助竞争性的考试工具,仍须杜绝"伯乐式"的主观遴选。

公务员考试的定位应该是将那些头脑不够灵活、反应不够敏捷、思路不够清晰、人文素养偏低的考生阻挡在公务员队伍之外,是一种能力考试。这样的考试,对考生的道德品质是不做评价的。考生的品德怎样,这不是公务员考试所能解决的问题。人们道德品质的高下,与他们身处的环境密切相关。对于公务员的品德问题,与其靠考试或者遴选来解决,不如靠国家机关的制度建设来保障。制度合理、健全,坏人也会变好;制度不合理、不健全,好人也会变坏。

从2012年开始,省级以上机关将至少2年的基层工作经验作为报考资格,于是,应届毕业生不能报考省级以上机关。报考公务员是每个公民的权利,凡有志于做公务员者皆可报考。这种资格限制侵犯了应届毕业生的报考权利。国务院相关通知的意图是"鼓励引导高校毕业生面向城乡基层、中西部地区以及民族地区、贫困地区和艰苦边远地区就业"。应通过提高边远地区的工作待遇来吸引、引导毕业生自愿前往,而不应该以取消应届毕业生公务员报考资格的方式迫使他们前往。

第11题

可以对甲的观点提供支持的最重要的事实是:

A. 在2010年中央国家机关新录用的新公务员中,来自工人、农民、教师、医生、工程师、自由职业者等普通家庭的报考者占93.2%,干部子弟所占比例不足7%。

B. 一项大型调查显示,群众对政府工作人员的意见中,"缺乏为人民服务的精神"一项位居第一位,而"工作能力不足"一项位居第五位。

C. 研究结果显示,一些短期辅导可以明显提高公务员录用考试的成绩。

D. 李瑞环、张百发等许多出色的领导干部都是普通工人出身。他们的工作业绩显示,他们具有很强的领导才能。

第 12 题

甲的意见能够成立的前提是:

A. 公务员选拔应该坚持"才能优先、兼顾品德"。

B. 公务员选拔应该坚持"德才兼备"。

C. 分数面前人人平等。

D. 只有在保证公平的情况下,考试才可能是科学的。

第 13 题

乙的意见能够成立的前提是:

A. 待遇水平并不是职业选择的唯一考虑因素。

B. 在人员评价方面,再好的考试,也不如"试用"更有效、更可靠。

C. 公务员考试主要考查那些"冰冻三尺非一日之寒"的稳定的心理特点。

D. 许多能力优秀的年轻人不愿意到基层去工作。

第 14 题

对甲的观点最有力的反驳是:

A. 统计结果显示,公务员考试对于高分段考生的区分度很低。

B. 就像世界上没有两片完全相同的树叶一样,也没有两个完全相同的人。每一个考生都是独一无二的。

C. 985 和 211 学校的毕业生很少选择到省级以下的基层单位就业。

D. 科举实行之前的"察举"造成了"世胄蹑高位,英俊沉下僚","上品无寒门,下品无世族"。

第 15 题

对乙的观点最有力的反驳是:

A. 公务员录用考试的有效性(效度)尚未得到有力的证据支持。

B. 在中组部、人社部组织的从基层遴选省、部级公务员的过程中,包含笔试环节。根据笔试成绩,按5∶1的比例组织面试。

C. 公务员考试中,确实有一些考生在高科技作弊集团的帮助下明显提高了考试成绩。

D. 今天的实际情况是,"试用期"基本成为一个"摆设"、一个"过场",并未在公务员录用选拔中真正发挥作用。

第16—20题

在一次关于"怎样测试审辩式思维能力"的研讨会上,关于测试题型的选择,甲与乙发生了分歧。甲不赞成采用主观评分的问答题。

甲:我认为,如果我们有足够高水平的评分队伍,我们可以不要客观性试题;如果我们有足够高水平的命题人员,我们可以不要主观性试题。通常的情况下,既不能保证评分队伍的水平,也缺乏编制客观性试题方面的经验。在这种情况下,往往需要在测试中既包含客观题,以保证测试的客观性,也包含主观题,以保证测试的有效性(效度)。审辩式思维能力测试确实是一项非常艰难的任务。其艰难在于:第一,在很长的时间内(可能是几十年),我们都很难就"什么是审辩式思维能力"取得广泛的共识;第二,我们很难对"审辩式思维能力"这一概念(构念)进行清晰的界定。在这种情况下,我只能寄希望于在少数命题人和审题人之间取得共识,而不能寄希望于在数量众多的阅卷人之间取得共识。

乙:用客观性选择题测试审辩式思维,就好像用客观性选择题测试一个人的口语表达能力。汉语口语考试试卷包含100个客观性选择题,考生答完这100个题目,就获得一个汉语口语分数。这样的测试方式靠谱吗? 如果说要测汉语的阅读理解能力和听力理解能力,可以谈足够高水平的命题员和足够高水平的评分员;如果说要测汉语的书面表达能力和口语表达能力,一般谈的是高水平的评分员。审辩式思维能力测试,也要依赖高水平的评分员。什么是汉语口语表达能力? 什么是汉语能力? 这些构念,今天也未能清晰界定。但是,在推出一个语言能力考试前,一定要有自己的主张,例如,我只考听说读写四项技能,我不搞任务式测试,我不考语法,我不考翻译,等等。在准备设计一个审辩式思维测试之前,一定要清晰界定什么是审辩式思维能力,我们不能谈未来几十年我们都很难就审辩式思维能力是什么达成共识,即使只是一家之言,如果没有关于"测什么"的界定,怎样在命题人和审题人之间形成共识呢?

甲:今天我们既然已经着手开发测验,当然已经有自己的"一家之言"。问题是,在少数命题人之间就"一家之言"达成共识是可能的,我们以"一家之言"对少数命题人进行筛选也是可能的。相反,企图在数量众多的阅卷人之间就"一家之言"达成共识几乎是不可能的。以"一家之言"对数量众多的阅卷员进行筛选也几乎是不可能的。这首先需要一个基本可靠、有效的审辩式思维能力测试。开发一个这样的测试,是我们今天追求的目标。在我们实现了这个目标之后,或许我们可以考虑在测试中补充一些需要主观阅卷的构造性试题,那是后话。我们今天的"一家之言",仅仅是对审辩式思维能力的一个大致的、朦胧的、模糊的界定。我们曾经以为可以遵循"观察—归纳"的思路来开发测验,可以通过"行为分析—构念界定—能力描述—测验编制"的路线图来编制测验。后来,经过多种测验开发的实践,我们终于认识到,在开发对复杂心理特征进行测试的测验时,这种在理论上似乎合理的思路是行不通的。实际的测验开发需要按照另一种"猜测—反驳"的路线图来进行。我们开始只能根据我们关于"测什么"的大致的、朦胧的、模糊的经验直觉尝试性地编制测验,之后,在施测过程中不断收集有效性证据,不断根据收集到的有效性证据对测验进行改进和调整。

乙:"猜测"是哪里来的呢?是天上掉下来的吗?是拍脑袋来的吗?是"眉头一皱,计上心来"形成的吗?"猜测"只能来源于观察和归纳。实际上,在猜测、反驳的过程中,包含着观察和归纳;在观察、归纳的过程中,也包含着猜测和反驳。观察,归纳,猜测,反驳,是一个螺旋上升、迭代推进的过程。我们不能把它们从中割裂,否认观察、归纳在认识中的作用。

第16题

可以对甲的观点提供支持的最重要的事实是:

　　A. 今天,计算机自动评分在口语和写作方面取得了长足的进展,许多时候计算机评分与人工评分之间的一致性,已经超过了不同阅卷员人工评分之间的一致性。

　　B. 所有的命题人和审题人都具有硕士或博士学位,大部分阅卷员都具有硕士和博士学位,但少部分阅卷员仅仅有学士学位。

　　C. 在许多包含作文和论述题的考试中,不同阅卷员对同一份试卷所给分数之间的一致性很低。

　　D. 在许多包含作文和论述题的考试阅卷中,存在明显的"打保险分"的情况,阅卷员倾向于打出接近中等水平的分数,很少给出很高或很低的分数。

第 17 题

　　甲的意见能够成立的前提是:

　　A. 审辩式思维能力是一种无法直接观察的心理特征。

　　B. 审辩式思维能力考试的测试对象是那些将承担发明、创造和领导责任的人。

　　C. 审辩式思维考试将被应用于机关、学校和企业的中层以上人员的选拔。

　　D. 审辩式思维考试所考查的不仅是认知因素,还包括非认知因素。

第 18 题

　　乙的意见能够成立的前提是:

　　A. 即使迄今所有观察到的天鹅都是白的,也不保证据此归纳得到的"天鹅是白的"这一命题一定正确。

　　B. 考试的开发可以"一家之言"作为依据。

　　C. 在口试考试与写作考试中不可能完全客观地评分。

　　D. 语言能力考试不一定考语法。

第 19 题

　　对甲最有力的反驳是:

A. 有些心理属性是客观题不可能考查的。

B. 采用一些实时监控技术可以将评分误差控制在一定范围内。

C. 在控制阅卷员打"保险分"方面迄今还没有找到有效的办法。

D. 人们可能在不长的时间内就审辩式思维的准确定义取得共识。

第 20 题

对乙最有力的反驳是：

A. 审辩式思维能力不同于口语能力，有可能进行客观的测量。

B. 一家之言是靠不住的。

C. 在高考的作文评分中存在很大的评分误差。

D. 一些阅卷员可能并不具有审辩式思维能力。

第 21—25 题

美国某州的州参议员甲在该州参议院提出了一项立法建议，主张立法允许药店在没有医生处方的情况下出售一些治疗小病的常用处方药。她说："按照原来的规定，病人为了一点小毛病就到医院去看大夫，既造成巨大的医疗资源的浪费，也给病人带来不必要的时间付出和金钱付出。于是，为了自己的皮肤病，病人可能为了买一支价值 2 美元的可的松软膏而花费 80 美元的挂号费。在这种快餐式的医疗模式中，医生越来越依靠开处方谋生，而不是依靠自己高明的医术和优质的服务谋生。快餐式的医疗服务，也应该是廉价的。今天，病人为这种快餐式的医疗支付了太昂贵的费用。如果新的法案能够通过，可以大大压缩不必要的医疗支出，减轻病人的负担，使患者获得更好的服务。我恳请各位投票支持我的提案。"

该州的州参议员乙反对说：

"我认为，参议员甲仅仅根据自己个人的医疗经历，就对医生的工作做出了非常不公正的评价。医生的确很忙，但他们很忙的原因并不像参议员甲所说的那样。手术费用上涨，收费困难，医疗事故保险费用以几何级数增加……这些，已经让医生们在苟延残喘。为了提高医疗效率，需要让护士和化验员为医生分忧，需要让他们承担更多的筛选病人的责任。

"无可置疑,医疗费用确实飞涨。但是,我们不能为降低费用而忽视医疗质量。药店的药剂师并未经过足够的医疗培训,不具有诊断疾病的能力。药剂师的错误诊断,可能导致治疗的延误甚至病人的死亡。如果我们立法允许药剂师从事这种不负责任的诊断,我们就对这些治疗延误甚至死亡负有责任。

"此外,由于药店主要靠销售处方药挣钱,允许药剂师开处方是很不明智的做法。一个走进药店买阿司匹林的人,买到的可能是毒品!

"最后,在今天医疗事故保险费用暴涨的情况下,让药剂师去面临'处置不当'的诉讼风险也是很不明智的。医生们对此风险已经感到不堪重负,我相信,没有一个药剂师愿意承担这种风险。我强烈建议你投票反对参议员甲的提案。"

第 21 题

如果在本州就参议员甲的提案进行一次非正式的调查,抽样的方法应该包括:

a. 随机抽取;

b. 具有代表性的分层抽取,使样本包括年轻人和老年人、白人和非白人、男性和女性等等;

c. 避免使某一特定团体的人数比重过大,例如,避免包括过多的药剂师。

A. 仅 a。

B. 仅 b。

C. 仅 c。

D. a、b 和 c。

第 22 题

在参议员甲关于花 80 美元挂号费治疗皮肤病的例子中,最容易受到质疑的假设是:

A. 病人可以自己找到治疗方法,并不需要医生的诊断治疗。

B. 可的松软膏的平均价格是 2 美元。

C. 医生的平均挂号费是 80 美元。

D. 可的松软膏对所有的皮疹都有效。

第 23 题

对于参议员乙关于"走进药店买阿司匹林的人买到的可能是毒品"的说法,最有力的反驳是:

A. 多数情况下,买药的是病人的亲友而不是病人本人。

B. 毒品不可能进入治疗小毛病的常用药品清单。

C. 很少有人到药店去买阿司匹林。

D. 多数吸毒者从医生处而不是从药剂师处获得毒品。

第 24 题

从参议员甲的发言中可以看出,她相信:

A. 大部分医生处方是不必要的。

B. 参议员乙将反对自己的提案。

C. 如果提案获得通过并成为法律,将大大降低医疗费用。

D. 如果提案获得通过并成为法律,小病治疗的平均费用将明显降低。

第 25 题

从参议员乙的发言中可以看出,他相信:

A. 医生们并不存在时间紧张的问题。

B. 参议员甲关于医院拥挤现象的描述并非完全杜撰。

C. 医疗事故保险费用并不存在加速增长的趋势。

D. 给药剂师处方权,不会使卫生保健质量降低。

第 26—30 题

在美国的一次公共政策研讨会上,两位与会者之间展开了激烈的辩论。

甲：本届政府的国内开支政策应该受到谴责。民主的真正敌人并不是大政府，而是大企业。我们的社会正在日益被大企业集团所左右，真正的个人能动性的空间越来越少。我们的生活已经完全被大集团的董事会所控制，富人变得越来越富，穷人变得越来越穷。

乙：你怎么能这么说？你的主张只能导致社会的倒退。政府的过度监管和高税收，只会导致极权主义。只有当政府较少地干预我们的生活的时候，只有降低税收的时候，我们才可以实现资源的最佳配置，我们才有可能谈论发挥个人的能动性。

甲：你们这些精英都是一丘之貉。你们只关心拥有特权和资源的少数人的自由机会，你们完全不关心那些没有特权和资源的大多数，他们没有发展自己事业的必要资源，也没有资本去进行投资。民主意味着"所有人的自由和正义"，民主并不仅仅是有钱人的自由和正义。

乙：正义？拿走我们辛苦挣来的钱去为那些不想工作的人支付福利计划，这就是正义吗？而且，自由仅仅意味着一种可能性。只要明智地运用自己的聪明才智和资产，每个人都可以在我们的社会中取得成功。你可以把牛牵到河边，但如果牛不喝水，你不能强按它的头。

甲：你混淆了自由与授权。你有做某事的权利并不意味着你真正有机会做某事。我们社会中的弱势群体，往往很难真正利用自己享有的的权利，例如投资的权利。自由意味着一个人可以在真实而非虚幻的可能性之间进行选择。对于许多弱势群体，他们真实的、现实的选择空间很有限。

乙：一个人不能选择自己的父母。我出生在一个条件较好的家庭，这并不是我的错。只有傻瓜才会幻想一个可以摆脱天生的不平等的社会。民主的荣耀在于，尽管我们存在着天然的不平等，但是，今天我们站在这里，我们可以说，每个人都是平等的。此外，政府的唯一职责就是保护公民的财产权。

甲：政府的权力是人民赋予的。对于那些没有财产的穷人，他们为什么要求政府去保护自己的财产呢？你用什么理由去说服他们，使他们要求政府来保护自己并不存在的财产呢？你怎样才能让他们认识到"保护财产"对他们是有利的呢？

　　乙：对他们当然是有利的。如果没有政府，如果听凭人性的放纵，将会怎样？将会产生无尽的冲突和暴力。我们需要政府，是因为政府可以保证国家的安宁。对不对？正是由于无政府状态下有太多的不确定性，所以，几乎每个人都愿意承认政府的权威。此外，随着时间的推移，穷人也可能获得财产。原则是完全公平的，一旦穷人获得了财产，他的财产也会受到政府的保护。

　　甲：那是你们给乞丐画的饼。你看，这就是所谓民主社会中富人给予弱势群体的施舍，这就是所谓民主社会唯一的"公平"。民主包含着具有自由意志的公民的自治，你知道："我们，人民，为了组织一个更完善的联邦……"（美国宪法的第一句话）一个民主社会的经济结构必须是这样的，它应该使每个人都能站在完全平等的起点上，根据自身的利益做出选择。如果那些处于弱势的人只能根据他们不利的处境被迫做出并不符合他们的利益和意愿的选择，就没有什么民主可言。如果一个民主政体不能给那些弱势群体提供真正的机会，凭什么要求他们效忠政府并承认财产的权利呢？

　　乙：可是这正是我的意思呀。只要我们鼓励投资，经济的自由增长将为那些弱势群体提供更多的机会。或许，投资者获取了第一桶金，但是，通过自由的经济活动，会产生"涓滴效应"，这些利益会逐渐向整个社会渗透，并提高所有人的生活水准。

　　甲：你真不可救药。我真不知道为什么我要和你瞎耽误工夫。

　　乙：想想你究竟想要什么。毕竟，这是一个自由国家。

第 26 题

甲对现行的政府政策的抱怨是：

A. 政府让企业拥有财富。

B. 政府不让穷人拥有财富。

C. 政府在社会项目开支方面追求商业利益。

D. 所有公民的自由都受到限制。

第 27 题

甲关于应加大社会福利项目支出的论证是基于以下哪项假设之上的?

A. 并非所有的人都渴望财富。

B. 没有理由向自身以外的任何人让渡权利。

C. 没有理由期望社会赋予所有的人平等的权利。

D. 没有理由期望一个人承认对自己不利的权利。

第 28 题

在下面各种支持美国政府干涉其他国家事务的理由中,哪一项与乙的观点一致?

A. 为了保护该国公民的自由。

B. 为了保护该国公民的财产权利。

C. 为了激励美国公民的个人能动性。

D. 为了保护美国公民的财产权利。

第 29 题

如果有关财产的纠纷并不是导致冲突和暴力的唯一原因,那么,乙的论证与下列哪一项不一致?

A. 自由。

B. 平等。

C. 政府目的。

D. 民主国家的公民权利。

第 30 题

甲和乙的分歧突出地表现在:

A. 我们的社会应该有什么形式的政府?

B. 是否需要发挥个人的能动性?

C. 在一个民主社会中,什么是自由和平等?

D. 政府是否应该保护财产权利?

以下是样卷的部分正确答案(表4):

表4　部分正确答案

题　号	答　案	题　号	答　案
21	D	26	C
22	A	27	D
23	B	28	D
24	D	29	C
25	B	30	C

"审辩式思维水平考试"初步测试结果及分析

2015年4月,我们在295名大学生中初步试测了A、B两份CTT试卷。以下是试卷的测试结果(表5、表6):

1. 描述统计

表5　A卷描述性统计(40题)

统计项目	数　值
题目数	40
人　数	145
平均分	21.745
方　差	25.611
标准差	5.061
偏　度	−0.393
峰　度	0.178
最低分	7.000
最高分	32.000
Alpha系数	0.683
标准误	2.849
通过率	0.544
平均点双列相关	0.277
平均双列相关	0.367

统计项目	数 值
低分组最高分	19
低分组人数	44
高分组最低分	25
高分组人数	43

* 高分组为分数在前 27% 的考生组；低分组为分数在后 27% 的考生组。下同。

表6 B卷描述性统计(40题)

统计项目	数 值
题目数	40
人 数	150
平均分	22.400
方 差	17.627
标准差	4.198
偏 度	−0.266
峰 度	0.800
最低分	8.000
最高分	34.000
Alpha 系数	0.573
标准误	2.744
通过率	0.560
平均点双列相关	0.242
平均双列相关	0.346
低分组最高分	20
低分组人数	44
高分组最低分	25
高分组人数	43

2. 考生分数的分布（图 4、图 5）

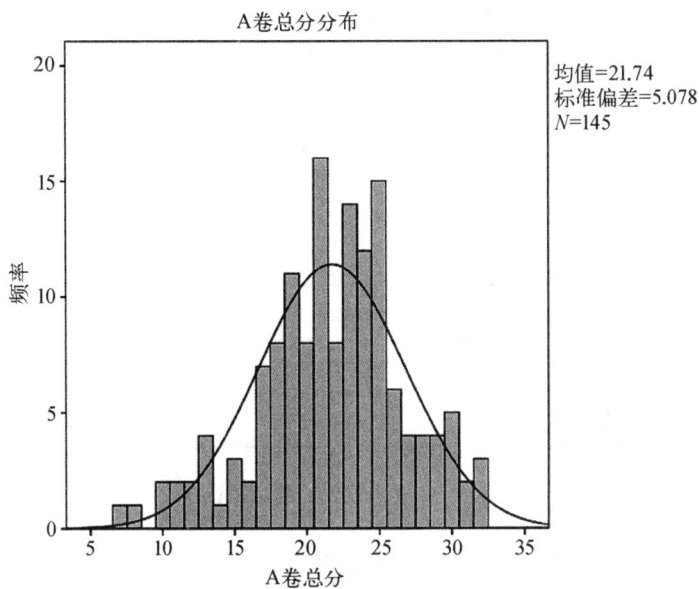

图 4　A 卷考生总分分布情况

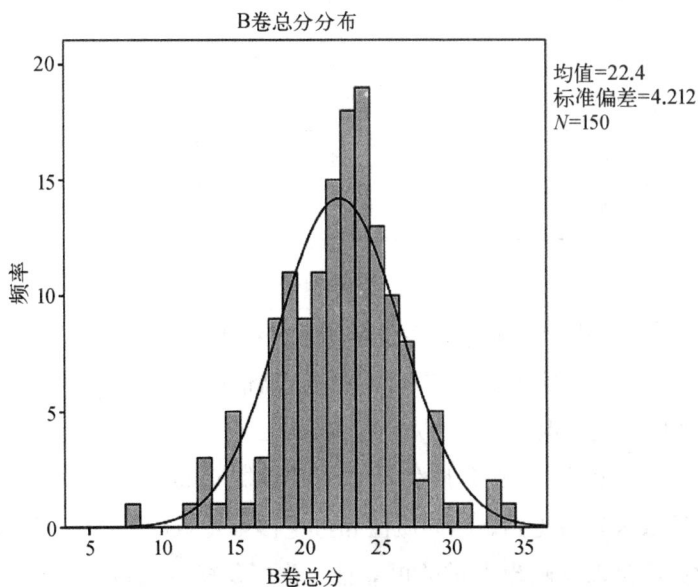

图 5　B 卷考生总分分布情况

3. 各题型的描述统计(表 7、表 8)

表 7　A 卷各题型的描述统计

	平均数	标准差
题型一	2.407	0.943
题型二	1.607	0.949
题型三	3.807	1.496
题型四	4.455	1.580
题型五	9.469	2.519
全　卷	21.745	5.061

表 8　B 卷各题型的描述统计

	平均数	标准差
题型一	2.107	1.047
题型二	3.220	1.019
题型三	4.867	1.636
题型四	4.760	1.648
题型五	7.447	1.985
全　卷	22.400	4.198

4. 信度

信度(Reliability)或可靠性是反映考试结果受到随机误差影响程度的指标,是评价考试质量最基本的指标。高信度是高效度的前提,没有信度,效度也无法保证。

今天,使用最广泛的信度估计方法是根据 Cronbach 公式计算 α 系数。α 系数很容易受到试题同质性和考生样本特点的影响。因此,仅靠 α 系数并不足以反映出考试的可靠性。为了从多种角度对考试的信度进行估计,我们在计算 α 系数的同时,还计算了 γ 系数。

γ 系数的计算公式是：

$$\gamma = 1 - \frac{SE \times 3.92}{\chi_{max}}$$

其中：γ 为 γ 系数；SE 为标准误；χ_{max} 为测验满分。

此外，我们还计算了分半信度。

在项目反应理论（IRT）中，刻画信度的指标是信息函数。我们计算了测验的期望信息函数和平均信息函数（表 9）。

表 9　信度分析结果

试卷	CTT				IRT	
	α 系数	γ 系数	KR‐21	分半信度	期望信息	平均信息
A 卷	0.683	0.721	0.680	0.662	3.451	2.890
B 卷	0.573	0.731	0.570	0.595	2.966	2.581

说明：分半信度为经过斯皮尔曼-布朗公式校正的数值。

以下是两份试卷的信息函数曲线（图 6、图 7）：

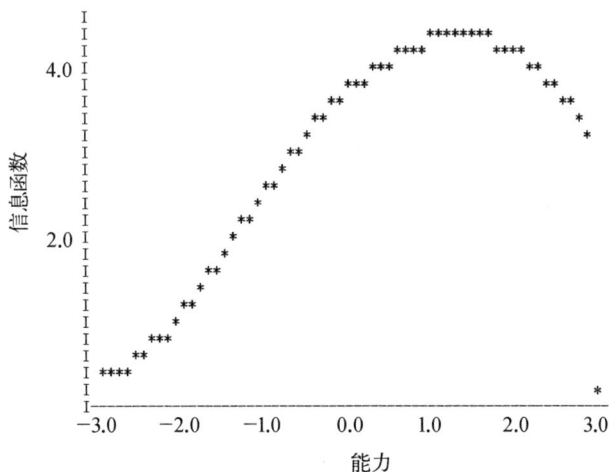

图 6　A 卷的信息函数曲线

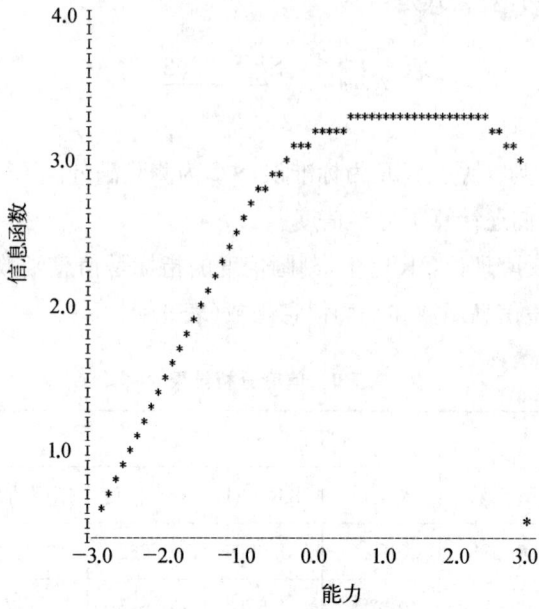

图 7   B 卷的信息函数曲线

5. 题目特征曲线(图 8、图 9)

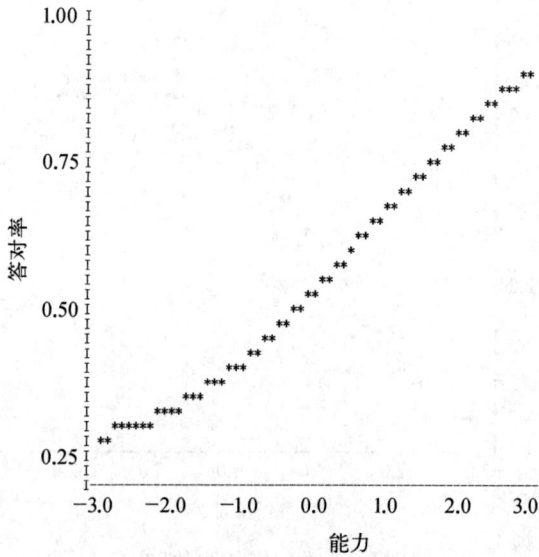

图 8   A 卷的测验特征曲线

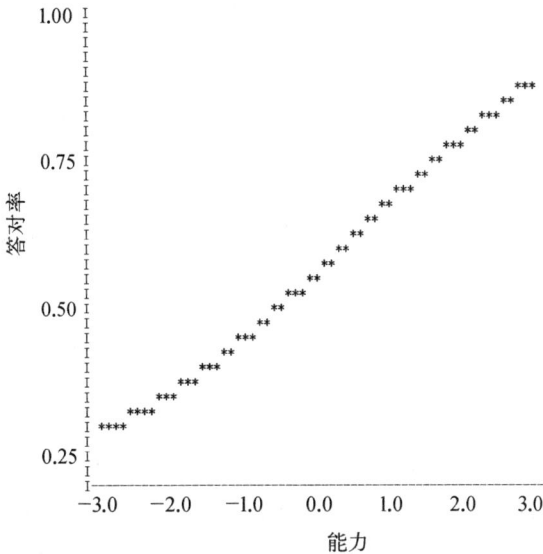

图 9　B 卷的测验特征曲线

第二节　华生-格拉瑟审辩式思维测试

"华生-格拉瑟审辩式思维测试"（WGCTA）是一个测量审辩式思维水平的测验。

美国心理公司曾经是实力最强的心理测验公司之一，1994 年，心理公司开发出版了 WGCTA。目前 WGCTA 由世界上最重要的学习公司之一培生（Pearson）教育公司主持。

WGCTA 的编制者认为，无论是在学术、教育领域还是在职业领域，审辩式思维都是一种非常重要的胜任力要素。编制 WGCTA 是为了预测受测者在各种教育和职业环境中履行个人职责的行为表现。

长期以来，WGCTA 主要应用于就业申请评估，应用于学校和其他教育培训机构的招生工作。WGCTA 的测试对象包括求职者和在校学生。WGCTA 受到许多用户的青睐，被应用于行政管理、企业管理、教育、科学技术等领域内的人力资源开发。WGCTA 与智力测验、技能测试、个人倾向测验等其他评价手段相结合，可以有效地预测一个人的学习和工作潜力,可以明显提高培训的成果,可以提高组织的人力资源效率。

1. WGCTA 的基本设计思路:RED

WGCTA 试卷的基本设计思路是从三个方面对受测者的决策能力和判断力进行评估。即假设确认(R)、评估论证过程(E)和导出结论(D)。

WGCTA 力图对受测者的未来影响力、探索广度和职业发展等做出比较准确的描述并提出改进建议。

2. WGCTA 的试卷构成

WGCTA 的试卷包括 5 个部分:

(1) 推论(inference)。推论是一个从观测事实中得出结论的过程。例如,如果看到房间中有灯光,听到房间中声响,可以得到"屋里有人"的推论。但是,这个推论有可能并不正确。或许,屋里并没有人,只是主人在离开房间的时候忘记了关灯和关电视机。在这部分中,每道题目的文本(语料)是一段关于事实的陈述。这些事实,被认为是正确的、无可置疑的。题目是根据给定事实做出的推论。考生需要对这些推论进行评价。考生需要从 5 种评价中选择一种。这 5 种评价分别是真、可能真、资料不足无法判断、可能错、错。

在进行评价判断的时候,考生需要运用一些文本之外的常识,需要依靠一些个人的实际生活经验来做出判断。那些具有更广的知识面和具有更多的实际生活经验的考生,将更容易做出正确的判断。

例题:

上周末,大约 200 名初中生在一个中西部城市自愿参加了一次周末讨论会。这次会议的主题是种族关系和世界持久和平。这是由学生们自己选出的当今世界上最重要的两个问题。

1) 与其他同龄的学生相比,出席本次会议的这些学生表现出对社会问题更浓厚的兴趣。

2) 大多数学生以前在自己的学校中从没有讨论过此次会议的两个主题。

3) 学生们来自全国各地。

4) 学生所讨论的主要问题是劳动关系问题。

5) 一些初中生认为种族关系和世界持久和平是值得讨论的问题。

第 1 题的答案是可能真。根据给出的事实,这可能是正确的,但不一定。第 2 题的答案是可能错。学生们来参加此次讨论,很可能以前曾经讨论过这些问题。第 3 题的答案是资料不足无法判断。从所给事实无法做出判断,信息不足。第 4 题的答案是错。第 5 题的答案是真。所给材料中已经说明,这两个问题是由学生们自己选出的。

(2) 假设辨认(recognition of assumptions)。当你说"我将于 6 月毕业"时,你的陈述中包含着一系列的假设。例如:"我将活到 6 月""我可以通过毕业考试""我可以达到学校的毕业要求"等等。所谓"假设",是指一些预设的前提假设,是一些不需要讨论的前提。在这部分题目中,文本(语料)是一个命题或陈述。题目是这个命题可能包含的假设。考生需要在"属于必要假设"和"不属实必要假设"之间做出选择。

测试的指导语提醒考生:注意,你需要对各个可能的假设独立地进行判断。

例题:

陈述:我们需要节省时间,所以我们最好乘飞机去。

假设:

1) 乘飞机比乘坐其他交通工具需要的时间少一些。

2) 有通往目的地的飞机可以乘坐。

3) 乘飞机旅行比乘火车旅行更方便。

第 1 题和第 2 题是必要假设。第 3 题不是必要假设,在所给材料中并没有提到方便与否的问题。

(3) 演绎推理(deduction)。在这部分测试中,首先会给出一些陈述,这些陈述构成演绎推理的前提。这些前提被认为是真实的,是无可置疑的。题目是根据给定前提可能导出的一些结论。考生需要在"可以导出"和"不能导出"之间做出判断和选择。

测试的指导语提醒考生:你需要尽量避免受到偏见和思维定势的影响。有些结论,即使根据你的常识你知道是真实的,但是,如果这一结论并不能从所给前提中必然地导出,你也不应选择"可以导出"。所有这些陈述中所说的"有些",是指某一类属中一定数量的组成部分。当我们说"有些"的时候,意味着"至少有一部分"或"全部"。例如,当我们说"有些假日会下雨"的时候,意味着"至少有一个假日会下雨",也意味着"有几个假日会下雨",还包含"不排除所有的假日都下雨的可能性"。

例题:

陈述:有些假日会下雨;下雨的日子很无聊。

结论:

1)晴天都不会感到无聊。

2)有些假日很无聊。

3)有些假日不会感到无聊。

第1题的答案是"不能导出"。第2题的答案是"可以导出"。第3题的答案是"不能导出"。尽管根据你的常识,你知道这个陈述是正确的,但是,你并不能从所给前提陈述中导出这一结论。

(4)解释(interpretation)。在这部分测试中,首先会给出一段关于事实(例如,某一项科研成果)的陈述。题目是根据文本中关于事实的陈述可能导出的一些结论。其中,有的是经过合理质疑之后仍然成立的结论;有些是经受不住质疑而难以成立的结论。考生需要做出"可以成立"或"不能成立"的判断。

测试的指导语提醒考生:文本中给出的事实陈述是真实的,是不容置疑的。从事实导出的结论,有些可以成立,有些不能成立。注意,对于每个结论要独立地进行判断。

例题:

陈述:一项关于儿童词汇获得的研究显示,8个月儿童的词汇量为零,到6岁时,儿童的口语词汇量达到2 562个。

结论:

1)在这项研究中,没有一个孩子能在6个月的时候学会说话。

2)在孩子们学习走路时,词汇的增长量最慢。

第1题的结论经过合理质疑,仍然可以成立。第2题的结论不能成立,在所给材料中,并未涉及学习走路与词汇量之间的关系。

(5)评价论证过程(evaluation of arguments)。为了对重要的问题做出决策,需要具有判断一个论证过程是否具有说服力的能力,需要具有判断一个论证是紧扣主题还是"跑题"的能力。测试的这部分考查考生关于"说服力"和"跑题"的判断能力。一个具有说服力的论证,一方面需要能够抓住问题的要害展开论述,而不是仅仅关注一些琐碎的细节;另一方面,需要紧扣问题,而不是离开问题本身而进行慷慨激昂的论证。尽管有些慷慨激昂的论证是非常正确的,但对于解决问题的帮助很小。

在这部分测试中,会给出一个比较重要的问题,题目是对于这一问题的论证,考生需要对这些论证做出"有说服力"或"缺乏说服力"的判断。

测试的指导语提醒考生:请注意,所有这些论证都是可以成立的。你在答题时,尽量不要受到个人好恶的影响,应尽量从论证本身出发,站在论证者的立场去判断一个论证是否具有说服力。

例题:

论题:是否所有的美国适龄青年都应该读大学?

论证:

1)是的。在大学中青年人可以有机会学习唱歌和跳舞。

2)不是。相当比例的年轻人既没有足够的能力也没有足够的兴趣进行大学学习,他们很难从大学中获益。

3)不是。强度过大的学习会对一个人的人格造成永久的伤害。

第1题的答案是"缺乏说服力"。第2题的答案是"有说服力"。如果提出的这一论据为真,可以对自己的观点提供有力的支持。第3题的答案是"缺乏说服力"。如果这一论据为真,确实非常重要,但是,与论点之间缺乏紧密的联系。论点中仅仅提到读大学,读大学并不一定意味着"强度过大的学习"。

3. WGCTA 的成绩报告

WGCTA 全部是客观性选择题,可以采用机器自动阅卷。WGCTA 的不同版本的分数经过了等值处理。WGCTA 既可以进行纸笔测试,也可以进行计算机测试。WGCTA 的纸笔版本和电子版本之间也进行了等值处理。在 WGCTA 的成绩报告中,包含一个对受测者进行指导的《发展报告》。这个发展报告会就受测者以后如何提高审辩式思维水平提出有针对性的建议。

下篇　审辩式思维论证举例

第一辑　道　德　与　人　生

示例一　人的能力有高低吗？

公平与效率之争，是过去 30 年经济体制和政治体制改革中一个引人注目的问题。这一矛盾可以表述为：由于人的能力有高低，从一个相同的起点出发，经过一定的经济活动，在实际生活水平上就会出现差异，甚至出现两极分化。如果为了限制这种分化而课以较高所得税和遗产税，就可能"养懒汉"，从而影响到效率。于是，倾向于"公平优先"的主张加税，倾向于"效率优先"的则主张减税。

对于公平与效率之间的矛盾，需要以审辩式思维的方式进行一些审辩式论证。不难发现，构成这一矛盾的一个心理学前提是人的能力有高低，正是由于人的能力有高低，才会造成相同工作条件下生活水平的分化。但是，对于"人的能力有高低"这一心理学命题，并未得到许多专业的心理学研究的支持。

要比较人的能力高低，必有一种可以比较的一般能力。姚明、赵本山、马云、莫言、丘成桐……谁的能力更高？没有一般能力，是无法比较的。一个多世纪以来，国内外许多心理学家采用方差分析、因素分析等数学工具研究人的能力，几乎一致地发现，尽管在儿童阶段人的确存在着"一般能力"，但随着年龄的增长，一般能力的影响会逐渐减小。

如果不存在一种可供比较的一般能力，我们就不能不加限定地说"人的能力有高低"。我们只能说在某一方面人的能力有高低，一个失败的教师可能成为一个出色的数学家，一个失败的企业家可能成为一个出色的作家。

从这种观点出发，如果某个人在某种职业中失败了并导致他的生活水平较低，我们不能说他的能力低下，只能说他在这项工作上能力低下，或这种工作非他所长，换一个工作，他可能会取得成功。从这种观点出发，那种以牺牲效率为代价的平均主义使许多人不得不在非自己所长的工作领域中与他人相对抗，使许多人不能发现并发挥自己所长，这并没有什么公平可言。我学习英语时，曾经使用过的教科书《基础英语》中有一个有趣的故事：霍布代尔是一个勤勤恳恳、恪尽职守的学校清洁工。新上任的学校校长偶然发现他没有文化而"冷酷地"将他解雇了。为了谋生，他只好去卖腊肠。几年以后，"在英国有人不知道莎士比亚，但没人不知道'霍布代尔的腊肠'"。倘若学校校长追求"公平"和温情而将霍布代尔留在学校中，他可能一生也不会发现自己所长。

公平和效率的矛盾也经常被表述为"起点公平"与"结果公平"的矛盾。如果不承认"人的能力有高低"，那么，就不存在什么"起点"或"结果"。"胜败乃兵家常事"，不能以一时的胜败论英雄，今天的"终点"或"结果"，不过是明天的"起点"和"机会"，一个人在这项工作上失败了，他可能在另一项工作上取得成功。

审辩式思维重视必要条件对一个命题的支撑。"人的能力有大小"这一命题是可以质疑和追问的。通过质疑和追问，我们需要对这一命题的应用条件进行限定，需要对这一命题的概括化范围进行限定。事实上，"人的能力有大小"这一命题又是"公平与效率存在矛盾"这一命题的必要条件，于是，对"公平与效率存在矛盾"这一命题的应用条件和概括化范围也需要进行限定。

我们只能说，姚明打篮球的能力很高，赵本山演小品的能力很高，莫言写小说的能力很高，我们不能脱离限定范围去讲谁的能力很高。

基于这样的审辩式论证，我们不难发现，通过竞争和人才流动使每个人发现并发挥自己所长，既可以使社会不断趋于公平，也会提高社会的生产效率；这既符合公平原则，也符合效率原则。

示例二 做女强人,还是做贤妻良母?

对于理解审辩式思维,"个别差异"和"偏好"是两个非常重要的核心概念。具有审辩式思维的人能够理解,对于许多问题,在符合事实和符合形式逻辑的基础之上,由于人与人之间的个别差异,由于人的不同偏好,可能存在不同的看法甚至尖锐的冲突。

人与人之间的个别差异和不同偏好,突出地体现在女性生活方式的选择上。有的女性偏爱做"相夫教子的专职主妇",有的女性偏爱做"轰轰烈烈的职场巾帼"。有的女性视"嫁得好"为成功,有的女性视"干得好"为成功。

2001 年入学的我的 4 名硕士研究生都是女生。我在与她们第一次见面时,曾对她们讲过这样一段话:"相夫教子是许多女性的理想。但是,并非每个女性都可以得到相夫教子的机会,这种机会是可遇而不可求的,这种机会主要来自上帝的恩赐而不是自己的努力。能够得到上帝这种恩宠的人是有限的。倘若万一没有得到上帝的恩宠,倘若万一没有得到相夫教子的机会,你仍然不应辜负上帝已经赐予你的聪明才智,你仍然可以把自己的聪明才智发挥到极致,你仍然可以有一个丰富而精彩的人生。对此,你们需要有思想准备。为此,你们需要刻苦钻研,努力学习。"

为什么会这样讲? 这与我在 20 世纪 80 年代中期的一次译书经历有关。当时,我是一个在大学任教的青年教师,收入微薄,为了养家,承担了一项翻译任务,翻译了《我们的身体、我们的自我》一书。这是 20 世纪 60 年代美国妇女运动的代表作,由"波士顿妇女写作集体"共同创作。此书 1970 年出版。第一版未经任何商业宣传,就卖出了 25 万册。2011 年,此书已经出版了第 9 版,累计销售超过 400 万册,被翻译为 26 种文字和盲文版。《纽约时报》将此书称为妇女健康方面最畅销的书(bestselling book)。2012 年,此书被美国国会选为 88 本"塑造了美国的书"之一。国会的评选者指出:"这些由美国人写的书激起了全国范围的讨论,并改变了我们的生活。"

今天，在维基百科，只要用书名缩写"OBOS"4 个字母，就可以搜到此书的词条。OBOS 已经成为一个非营利的非政府组织，服务于妇女的生理和心理健康，有自己的网站。

本来我是出于经济考虑接了这个译书的活，翻译之后才发现，我本人从中获益很多，受到了启发，拓展了思路。对我来讲，这是一次锄田遇宝、拾荒得珠的经历。1998 年知识出版社出版了由刘正萍翻译的此书的第 6 版。

在这本书中，讨论了这样一些问题：

> 我要不要结婚？早婚？晚婚？不婚？
>
> 我结婚后要不要工作？全职工作？半职工作？不工作？
>
> 我要不要生孩子？要不要当妈妈？早生？晚生？不生？一胎？多胎？
>
> 我要不要性生活？禁欲？纵欲？
>
> 我的性取向，异性？同性？双性？
>
> 我应该选择怎样的感情交往方式？一夫一妻？一夫多妻？多夫一妻？多夫多妻？
>
> 我应选择怎样的婚姻家庭方式？

这不是一本"说"（say）的书，而是一本"秀"（show）的书。这不是一本"讲道理"的书，而是一本"讲故事"的书。许多妇女参与了本书的写作，在书中讲述了自己的故事。在 2011 年出版的最新的第 9 版的封面上，包含了部分作者的照片。

这不是一本给出结论的人生指导书，对书中讨论的问题，大多都没有给出是非、好坏、善恶、对错的答案，只是由作者们各自讲述了自己的故事和自己的感受。

这本书结合交友、结婚、生子、职业生涯等问题，反反复复地提问：什么样的生活方式更好？如果说有答案，如果说给出了"结论"，那么，这个"结论"就是：你自己选择的生活方式，就是好的生活方式。

这本书的书名是《我们的身体、我们的自我》，这本书强调了"自我"对于女性的重要性。本书指出，由于社会文化的原因，由于教育的原因，女孩子们非常容易迷失自我,非常容易忘记自己真正的需要,她们常常将爸爸妈妈的期许、周围人的期许和社会的期许误认为是自己的需要。她们的许多烦恼、困扰、痛苦、病患都与自我的迷失有关。

许多时候,使爸爸妈妈快乐的事情,你自己未必感到快乐;使周围人满意的事情,你自己未必满意。在不损害他人的情况下,你可以在意自己的感受,你可以追求自己的快乐,你可以做出自己的选择。

禁欲、同性恋、不工作、不婚、晚婚、不生育、晚生育,只要不违反法律,只要不损害他人,只要不损害社会,只要你感到快乐,都可以成为你的选择。你不必为没有使别人感到满意而自责,你要学会接受自己(accept yourself)。

你可以做出自己的选择,尽管你的选择不一定是多数人的选择。

作为演员,章子怡的嫂子殷旭远没有自己的小姑有名气,但是,殷旭嫁给了章子怡的哥哥,披上了婚纱。章子怡曾说:“什么是成功?我看我的嫂子就是成功。”在这一点上,我挺欣赏章子怡。

众人眼中“般配”的一对儿,真是幸福的一对儿吗?众人眼中“不般配”的一对儿,生活得不幸福吗?众人眼中的成功者,真的快乐吗?……

这类问题,都属于维特根施坦所说的需要“闭嘴”的问题。这类问题,我们不能“讲道理”,只能“讲故事”。围绕这些问题,我们有太多、太多的故事可以讲,几千年来,从织女、嫦娥、西施、貂蝉、祝英台、朱丽叶、林黛玉讲到邓丽君、戴安娜。年复一年,围绕这些问题,人们还会继续讲述更多的故事,一直讲到人类从这个星球上消失。

做一个女强人还是做一个贤妻良母?具有审辩式思维的人理解,对此,没有标准答案,没有“客观真理”,没有“普适价值”,不同的人可以做出不同的回答。为了做出自己的普乐好选择,为了找到属于自己的“真理”,需要学会聆听来自内心的声音。具有审辩式思维的人的突出特点是,可以听到自己内心的声音,善于聆听自己内心的声音。

2012 年 1 月 18 日,中国就业促进会副会长、北京大学中国职业研究所所长陈宇教授问我:“你相信奇迹吗?”我回答说,这是一个涉及信仰的复杂问题,很难用苍白而贫乏的语言来回答。面对这类问题,语言的表达往往会词不达意。这时,往往需要借助艺术和音乐来表达。

我向陈宇教授推荐了惠特妮·休斯顿和玛丽亚·凯莉演唱的是《只要你相信》(When You Believe)。核心的一句歌词是："只要你相信,就会有奇迹。"(There can be miracles when you believe.)

这首歌是我的一个至交推荐的。他在推荐这首歌的时候,写道:

> 在千万次探索中,你怎么知道你找到的某条路是正确的呢? 当你做出某种选择,你感到内心的宁静、喜悦和充实,此时,你的路是正确的。……我们不知道能否成功,在这条路的两边,已有无数失败者的累累白骨。但是,我不能放弃;因为我站在了探索这条路的最前沿,如果我放弃,就又少了一个希望。尽管我不能预知哪条路是对的,但是我知道,当问心无愧时,当内心充满喜悦、感恩和充实的幸福感时,我可能是正确的。

这首歌,我听了无数遍。每次听,都受到感动。朋友写的这些话,我也读了无数遍。每次读,心中都涌起波澜。

每当这时,我还会想到 2008 年奥运期间唱响的《北京欢迎你》中的两句歌词:"有梦想谁都了不起,有勇气就会有奇迹。"

示例三 选择事业,还是选择爱情?

为了提高审辩式思维水平,可以看看电影《红菱艳》。

《红菱艳》就是一部关于"事业与爱情"的英国电影,1948年上映,获得第21届奥斯卡最佳艺术指导和最佳配乐两项大奖,并获得最佳电影、最佳编剧和最佳剪辑三项提名。

故事讲述了优秀芭蕾舞演员佩姬在事业与爱情之间的挣扎。当世界上最好的芭蕾舞团团长和艺术指导莱蒙托夫问佩姬为什么要跳芭蕾舞的时候,她反问道:人为什么要活着?她将自己生命的激情倾注在芭蕾舞中,也取得了巨大的成功。同时,像所有正常的青年一样,她也陷入了爱情,与有才华的青年作曲家朱利安热恋并组建了幸福的家庭,并为此一度离开了舞台。对舞蹈的热爱使她重新回到舞台。佩姬的生活不能没有芭蕾舞,也不能没有朱利安。她身处两个男人的争夺之中,一个是将舞蹈视为自己信仰的莱蒙托夫,一个是深爱着自己的朱利安。最后,在激烈的内心冲突中,她扑向了迎面驶来的火车,以结束生命的方式摆脱了在事业与爱情之间艰难的抉择。

莱蒙托夫和佩姬都对舞蹈倾注了极大的热情,将舞蹈视为自己生命中不可缺少的部分。莱蒙托夫说:"舞蹈对于我是宗教。"我完全理解他们二人对于舞蹈的痴迷。提到电影《红菱艳》,我就想到国际顶级小提琴大师艾萨克·斯特恩(Isaac Stern)。记录他访问中国的电影《从毛泽东到莫扎特》获得第53届奥斯卡最佳长纪录片。纪录片中,斯特恩反复地对中央音乐学院和上海音乐学院的学生们讲,乐器演奏,重要的不是技巧,而是对于音乐的信念(believe)、信仰(faith)和激情(passion)。如果你没有对音乐的信仰,如果你没有用音乐语言表达心声的激情,如果你不是没有音乐就无法生活,那么,就不要去从事音乐工作,也不要去做音乐家。

朱利安和佩姬都忠于自己的爱情,像罗密欧和朱丽叶一样,像梁山伯与祝英台一样,失去了爱情,生活将索然无味,生命将失去意义。

虽然《红菱艳》上映于60多年前,但是,电影中提出的问题今天仍然困扰着许许多多的男人和女人,尤其是困扰着许多青年女性。我曾对我的女研究生说:"相夫教子的机会是可遇而不可求的,这种机会主要来自上帝的恩赐而不是自己的努力。"具有审辩式思维的人,对我的这种说法会提出质疑:爱情和事业不能兼得吗？爱情只能来自上帝的恩赐吗？不能通过自己的努力获得自己所渴望的爱情吗？

事业第一还是爱情第一？《红菱艳》用震撼人心的艺术形式告诉我们,这个问题并不存在唯一的标准答案,也不存在合理的答案,不同的人会给出自己的普乐好答案。莱蒙托夫的普乐好答案是"事业第一",朱利安的普乐好答案是"爱情第一"。

示例四　让梨的孔融是善是伪？

《三字经》中说："融四岁，能让梨。""孔融让梨"是人尽皆知的故事。让梨的孔融是善是伪？对此，人们存在不同的看法。

按照儿童发展心理学家皮亚杰（Jean Piaget）、科尔伯格（Lawrence Kohlberg）、埃里克森（Erik Erikson）等人的理论，可以将"让利"行为视为儿童正常心理发展和社会化的结果。

近 30 年来，中国知识界有许多人对让梨孔融的恶评不绝于耳，说他是虚伪的。说鼓励让梨就是鼓励儿童从小学会虚伪和尔虞我诈，从小学会虚情假意地向强权谄媚。说让梨的虚伪是奴性社会的源头，导致了"道德自律"的人治社会而不是"道德他律"的法治社会。说孔融不敢为自己的合法权益进行斗争，使强权得以坐大，苛政得以横行，法律难以立威。人治社会在中国经久不衰，与孔融让梨贻害后人不无关系。

真的存在像孔融一样的孩子吗？对这个问题，我已经关心了很长时间。我一般不会与家长们讨论这个问题。因为，家长们的视野不过是自己家里的一两个孩子，没有比较，只能是个案枚举。像关于人性善恶问题的讨论一样，个案枚举是没有意义的。持对立看法的人，各自都会举出一些甚至很多真实的个案。

我向多位幼儿园教师和小学老师请教过他们对"孔融让梨"的看法。他们的基本看法包括：

（1）在 4 岁儿童中，能"让梨"者不超过 10％。伴随年龄的增长，这一比例会有所增加，但最终也不会超过 30％。

（2）与对"梨"的喜好程度有关。对于自己爱吃的东西，让的情况很少；对于自己不太喜欢吃的东西，让的可能性较大。对于新疆库尔勒梨，让的情况很少；对于北京产的雪花梨，让的可能性较大。

（3）与让的对象有关。让给自己喜欢的人，让的可能性较大；让给自己不喜欢的人，让的可能性很小。尤其是男孩子让梨给自己喜欢的女孩子的情况，并不少见。

（4）与家庭的影响有关。家长刁钻刻薄的，孩子很少有让梨的行为;家长宽厚和善的,孩子让梨的可能性较大。

　　审辩式思维表现为两个突出特点:第一是"不懈追问",关于让梨,他会追问:你在谈几岁的儿童? 让的是什么梨? 新疆库尔勒梨还是北京产的雪花梨? 他喜欢吃梨吗? 他让给谁? 让给熟人还是陌生人? 让给家人还是外人? 让给比他年龄大的还是让给比他年龄小的? 他的家庭生活条件怎样? 他的父母年收入多少? 他的父母教育程度怎样? 他出生在中国? 美国? 新西兰? 瑞典? ……他会尽量弄清楚命题的背景条件,尽量弄清楚命题的适用范围。第二是"适时闭嘴"。他不会去谈论"让梨的孔融是善是伪"。

　　具有审辩式思维的人不仅善于进行有意义的审辩和论证,而且知道何时应该"闭嘴"。

　　他们理解,"让梨是善是伪",这不是一个科学问题,不是一个理论问题,不是一个可以做出实证性回答的问题。这是一个情感问题、信念问题,只能凭借自己的直觉做出回答。

　　我会以自己的方式谈论"让梨"。我不会讲道理,我只会讲一些故事,讲饥荒年代我们兄弟姐妹面对饭桌上剩下的最后半个窝头,互相推让谁也不吃的真实故事;讲我的母亲,她在饥荒年代从自己和四个幼小儿女的口中挤出最好的食品,让给来自云南农村的癌症晚期、即将离世的贫困大学生的故事;讲远近闻名的顶尖"庄稼把式"陈永贵,他带领老弱妇幼组成"老少组",产量超过强劳动力组成的"好汉组"的故事;讲河南新乡七里营镇刘庄的农民史来贺,他让自己的乡亲们过上富足生活而自己却两袖清风的故事;讲士兵雷锋帮助自己的战友乔安山的故事;讲石油工人王进喜"宁可少活 20 年,也要拿下大油田"的故事……

示例五　先人后己是美德吗？

2008 年"5·12"汶川地震后，在中国的舆论界曾经有过一场关于"先人后己是否是美德"的大讨论。当时在地震之后不久的 5 月 22 日，四川省都江堰市光亚中学语文教师范美忠在天涯论坛写下了《那一刻地动山摇——"5·12"汶川地震亲历记》。文中记录了当时的情况：

> 课桌晃动了一下……我镇定自若地安抚学生道："不要慌！地震，没事！……"话还没完，教学楼猛烈地震动起来……我瞬间反应过来——大地震！然后猛然向楼梯冲过去，在下楼的时候甚至摔了一跤……然后连滚带爬地以最快速度冲到了教学楼旁边的足球场中央！我发现自己居然是第一个到达足球场的人，接着是从旁边的教师楼出来的一个抱着两岁小孩的老外，还有就是从男生宿舍楼下来的一个学生。这时大地又是一阵剧烈的水平晃动……逐渐地，学生老师都集中到足球场上来了……这时我注意看，上我课的学生还没有出来，又过了一会儿才见他们陆续来到操场。
>
> 我奇怪地问他们："你们怎么不出来？"
>
> 学生回答说："我们一开始没反应过来，只看你一溜烟就跑得没影了，等反应过来我们都吓得躲到桌子下面去了！等剧烈地震平息的时候我们才出来！老师，你怎么不把我们带出来才走啊？"
>
> 我说："我从来不是一个勇于献身的人，只关心自己的生命，你们不知道吗？"

在这篇文章中，还有这样一段话：

> 后来我告诉一定对我感到失望的学生说："我是一个追求自由和公正的人，却不是先人后己勇于牺牲自我的人！在这种生死抉择的瞬间，只有为了我的女儿我才可能考虑牺牲自我，其他的人，哪怕是我的母亲，在这种情况下我也不会管的。"

几天以后，5 月 30 日，范美忠又在自己的博客贴出了《我为什么写〈那一刻地动山摇〉》。文中，有这样一段话：

　　你有救助别人的义务,但你没有冒着极大生命危险救助的义务,如果别人这么做了,是他的自愿选择,无所谓高尚!如果你没有这么做,也是你的自由,你没有错!先人后己和牺牲是一种选择,但不是美德!

正是范美忠的这些话,引起了激烈的争论。

先人后己是美德吗?具有审辩式思维的人可以理解,对于这个问题,基于不同的价值取向和个人偏好,存在不同的答案。

如果一名学生问我:"先人后己是美德吗?"我会怎样回答他?

首先,我会对学生讲,维特根施坦说过一句话:"对于不可说的东西,保持沉默。"凭借苍白的形式逻辑和贫乏的语言,很难将这个问题说清楚。围绕这个问题,范美忠洋洋洒洒说了许多话,网上网下的大侠们连篇累牍地说了许多话,几千年来东西方许许多多的哲人智叟们也说了许多话。说清楚了吗?达成了共识吗?找到了真理吗?没有。这个问题从先秦的孟子和荀子到今天的网络大 V,至少已经争论了两千多年,至今仍然是各执一词。我以为,这是一个需要保持沉默的问题,是一个需要"闭嘴"的问题,是一个不必徒劳无益地浪费口舌的话题。

示例六 拐卖儿童罪的量刑是否过轻？

对拐卖儿童罪的量刑是否过轻？这成为网上的一个争论话题。有人在网络上呼吁，修改刑法，对拐卖儿童罪进行最严厉的打击，通过严刑峻法来消灭拐卖儿童的罪恶现象。有人甚至主张对所有拐卖儿童者一律处以死刑。一些主张"格杀勿论"的网帖声言"是中国人就要转"，"是妈妈就要转"。主张加重惩处的人认为，那些拐卖儿童者已经丧失了起码的人性，不能容忍这种丧尽天良的人继续活在人世。只有对这些人处以极刑，才能有效地杜绝拐卖儿童现象。

另一些人不同意这种看法。他们说，今天世界上许多国家已经取消了死刑，取消死刑的国家大多是发达国家，伴随社会文明程度的提高而逐渐取消死刑是未来人类社会发展的大趋势。许多犯罪研究结果显示，死刑并不能像预期的那样产生对犯罪的震慑作用。在那些取消死刑的国家中，犯罪率不仅没有上升，反而有所下降。实际上，在《刑法》中对于拐卖儿童罪并没有排除死刑。《刑法》第二百四十条规定："拐卖妇女、儿童……情节特别严重的，处死刑。"如果"格杀勿论"，当罪犯的罪行可能面临败露时，罪犯更容易铤而走险，可能导致更多的被拐卖儿童被"撕票"、被"灭口"，使更多受害儿童的生命受到威胁。当年秦国的严刑峻法将陈胜吴广逼到了"今亡亦死，举大计亦死"的局面，逼上了"鱼死网破"的道路。如今"格杀勿论"会使被绑架儿童的存活率大大降低。死刑的震慑没能杜绝杀人，没能杜绝贩毒，没能杜绝巨额贪污，也不会杜绝儿童拐卖。

一些司法业内人士指出，2010 年至 2014 年，全国各级法院审结拐卖妇女、儿童犯罪案件 7 719 件，对 12 963 名犯罪分子判处刑罚，其中判处 5 年以上有期徒刑至死刑的重刑率达 56.59%，明显高于强奸罪和涉毒犯罪的重刑率。另一方面，2012 年公安机关拐卖妇女儿童案件立案数达 18 532 件，但是被侦破的案件仅为 3 152 件，破案率仅为 17%，这个数据远低于国内年均 40% 左右的刑事案件破案率。他们指出，刑罚的威慑力不在于刑罚的严酷，而在于其不可避免。为了减少儿童被拐卖的现象,更有效的措施不是"格杀勿论",而是加大侦破力度,提高破案率,力争使每一个罪犯都受到打击,不让罪犯心怀逃脱惩罚的侥幸。"格杀勿论"违背了"按犯罪情节量刑"的基本法律原则。同样是拐卖儿童,实际的犯罪情节千差万别,需要根据法律因罪量刑。

我们看到,围绕"拐卖儿童罪的量刑"问题,网络上战火四起,烽烟滚滚。在"是中国人就要转"和"是妈妈就要转"的标题中,包含着将反对者认定为"不是中国人"和"不是妈妈"。主张加重处罚的一方将对方骂为"冷血""无人性""铁石心肠"等等,反对将法律问题情绪化的一方则将对方骂为"脑残""白痴"等等。

对拐卖儿童罪犯的量刑是否过轻?《刑法》中的相关规定是否需要修改?是否应该取消死刑?具有审辩式思维的人能够理解,对于这些问题,可以坚持自己的观点,却不能无视对方的论证,更不能因观点的不同而进行人身攻击。

第二辑　历史与现实

示例一　中国的农业合作化运动是否正确？

我们以"中国的农业合作化运动是否正确"为例来说明审辩式论证模型(参见本书上篇第五章第二节)。

对于农业合作化,一些人坚定地肯定,任何事实都不会动摇这些人肯定农业合作化的看法。另一些人坚定地否定,任何事实也不会动摇这些人否定农业合作化的看法。具有审辩式思维的人能够理解,论证不可能改变那些坚定分子。但是论证会使处于二者中间的不坚定分子感到某一观点是普乐好的(plausible)。

2013年3月7日出版的《中国新闻周刊》刊登了该刊记者周政华关于小岗村的报道,报道中说:"2012年,在每平方公里的土地上,华西村创造的产值是13亿元,南街村是6亿元,而小岗村只有数百万元。"这是一个事实或资料(D)。

2012年,我曾先后走访了华西村、南街村和小岗村,根据自己的亲历亲见亲闻指出:华西、南街不仅在共同富裕方面比小岗做得更好,在经济发展方面也将小岗远远地甩在了后面。这也是一个事实或资料(D)。

仅仅根据这些事实和资料,并不能得出"农业合作化正确"的主张(C)。不仅不可能说服那些坚定的反对者,也不足以说服许多不抱成见的旁观者。

为了从D得到C,还需要一系列的必要条件或支撑(B),例如:

(1) 华西、南街、小岗在中国的农村具有代表性;

(2) 华西、南街、小岗具有相似的自然条件;

（3）华西、南街、小岗具有相似的发展基础；

（4）华西、南街、小岗获得了同等程度的政府支持；

（5）产值可以成为农村发展的评价标准（criterion）；

（6）产值是农村发展的主要目标；

……

我们可以列出一个长长的必要条件支撑（B）的单子。

只有当所有这些 B 都能够成立的时候，资料（D）才可能成为支持主张（C）的理据（W）。仅仅靠 D，不能构成理据。

当 D 与 B 一道形成了 W 之后，在 C 被接受之前，还面临一系列的反驳（R），例如：

（1）合作化时期曾经出现大面积饿死人的现象；

（2）合作化未能解决温饱问题；

（3）华西、南街村民的自由受到限制；

（4）华西、南街大量剥削外来雇工；

（5）华西、南街有"能人"，并非各村都有"能人"；

（6）自由比富足具有更高的价值；

（7）"大锅饭"会影响生产积极性；

……

我们同样可以列出一个长长的反驳（R）的单子。

理据（W）可以经受住一些反驳（R）。对于经受不住的反驳，需要对主张（C）进行限定（Q）。这些限定可能包括：

（1）在村里有能人的情况下；

（2）在将富足视为重要的发展目标的情况下；

……

于是，我们得到一个受到限定（Q）的主张（C）：在将富足作为重要的发展目标时，在将"共同富裕"作为重要的发展目标时，在村里有"能人"时……合作化是正确的选择。

示例二　孔子学院是"面子工程"吗？

自 2004 年 11 月 21 日第一家孔子学院在韩国首尔挂牌以来，截至 2015 年 12 月 1 日，全球已有 134 个国家（地区）建立了 500 所孔子学院和 1 000 个孔子课堂。从孔子学院开办的第一天起，围绕孔子学院的争论就不绝于耳。

支持孔子学院的人认为，中国人生活水平的改善，中国经济的发展，需要有更多的中国产品（包括"made in China"和"made by China"）走向世界。如果世界上有更多的人了解中国的语言，了解中国的文化，将促进更多人购买中国的产品。如果世界上有更多的人喜欢写汉字，喜欢吃中国菜，喜欢练习中国武术，喜欢读中国人写的书，喜欢中国的音乐，喜欢中国的戏剧，那么，就可以为中国人创造更多的就业机会，增加更多的收入。英国前首相撒切尔夫人在她 2002 年出版的《治国之道》一书中曾讥讽说："中国今天出口的是电视机而不是电视机中播放的内容。"确如她所说，在今天的中外文化交流中确实存在着严重的"逆差"，与商贸交流中的"顺差"形成强烈对照。孔子学院的开办，有利于缓解这种"逆差"。通过孔子学院向世界介绍汉语和中华文化是非常必要的。在孔子学院建立和发展的过程中，国家确实有一些财务开支，而这种支出是一本万利的投入，是高效益的投资。孔子学院是一个新生事物，发展过程中可能会出现失误，前进中可能会走弯路。500 所孔子学院分布在一百多个国家和地区，肯定会参差不齐。但是，孔子学院推广汉语和中华文化的的方向是正确的，孔子学院的事业应得到社会更多的理解和支持，而不该是冷嘲热讽，更不该是肆意谩骂。"打碎盘子的总是洗碗的人"，对于偶尔打碎了盘子的国家汉办，应该给予更多的理解和宽容。

反对孔子学院的人认为，孔子学院是一项耗费民脂民膏的"面子工程"，是一次劳民伤财的"文化大跃进"。研究历史的复旦大学教授葛剑雄说，中国历史上从未有过跑出去对外传播自己文化的事情。为什么？因为那时的中国人有自信。想学习中国的文化，欢迎到长安来学习。没有文化自信，办再多孔子学院也是枉然。学者薛涌说，当中国的孩子年人均教育经费只有几百元人民币的时候,不该用中国纳税人的钱去补贴年人均教育经费 7 万元人民币的美国学生。一些人认为在中国边远地区的儿童学习条件有待改善的情况下,耗费巨资为富裕国家提供免费教育,不合情理。一些人指责孔子学院不重视弘扬儒学,是"挂羊头卖狗肉"。更有人批评孔子学院是当权者用纳税人的钱送自己的亲属去外国镀金,混绿卡,成为一个新的腐败温床。

　　孰是孰非,具有审辩式思维的人会在双方的争论中仔细分辨,不停追问,落实每一项证据,从而得出自己的结论。

示例三 北京公交该不该涨价？

2014 年 12 月 28 日，北京的公共交通系统调整了票价。原来一律 2 元的地铁改为分段计价，长途票价可以达到 7～8 元。一些原来一律 1 元的地面公交线路，改为分段计价，长距离可以达到 3～4 元。总体来说，票价明显上调。

对于公交调价，人们存在不同的看法。主张调价的人认为，北京公交票价明显不合理。在整体物价水平逐渐上升的情况下，现行地铁票价（一律 2 元）甚至低于 1999 年的水平（当时一律 3 元）。与国际、国内的主要城市相比，明显偏低。由于票价过低，公交系统长期处于巨额亏损的局面，公交补贴成为北京市财政的巨大负担，甚至已经超过了医疗补贴。由于票价过低，地铁的运载结构不合理，高峰期地铁高度拥挤，但高峰期的上下班旅客比例仅仅占 60％。在地铁乘客中，短途乘客也占据了较高的比例，不论距离远近统一价格的方式，违背了"使用多、付费多"的基本公平原则。调整公交价格，可以缓解公交系统的巨额亏损，可以减轻市财政负担，可以使地下、地面公共交通工具的使用更加合理。

反对涨价的人认为，北京正受到严重的雾霾威胁。公交的低票价可以吸引更多的人使用公共交通，减少私家车的使用量，减少尾气排放，有利于北京空气质量的改善。乘坐公交系统的乘客以工薪阶层和中低收入群体为主，对公交系统的补贴主要的受益群体是中低收入人群，这种补贴有利于延缓社会的两极分化程度，有利于构建和谐社会。北京市政府每年的土地转让费和停车费收入总计高达数千亿，公交补贴不过是几十个亿，应属于正常合理的支出。地下、地面一同涨价的措施并不能缓解地铁高峰时的拥挤现象。公交涨价可能诱导更多的人使用私家车上下班，有可能加剧道路的拥堵状况。

调价前，北京市相关部门曾进行了较深入的调查研究。对于这些调查结果，提出异议的人很少。主张调价和反对调价的双方在"事实"方面的分歧很少，但是，在对这些事实的解释方面，看法则相去甚远。双方可能就公交调价问题达成共识吗？不可能。双方都会有许多人执着地坚持自己的看法。

那些具有审辩式思维的人能够理解北京市政府所面临的艰难选择。他们理解,只有当事实基于一系列的必要条件之上时。才能作为理据为命题和决策提供支持。例如,主张调价意见的必要前提包括:

(1) 使用多就应付费多;

(2) 北京的公交收费水平不应明显低于国内外其他同类城市的水平;

(3) 市财政中用于公交补贴的比例应低于医疗补贴;

……

反对调价意见的必要前提包括:

(1) "两极分化"不利于社会稳定,需要通过公共财政支出予以控制;

(2) 私家车的尾气是造成雾霾的主要原因;

……

审辩式思维本身不是目的,进行审辩式思维是为了对决策提供支持,是为了做出普乐好的决策。对于个人,普乐好决策可以使自己抓住更多的机会,提升自己的生活质量;对于社会,普乐好决策将有利于社会的进步与和谐。

示例四　青蒿素的成功可能改变有些人对中医的偏见吗?

2015 年 10 月 5 日,对青蒿素作出原创性贡献的屠呦呦教授荣获诺贝尔奖生理学与医学奖。这是新中国成立 66 年以来中国科学家第一次获得诺贝尔科学奖。屠教授也是新中国大学培养出的第一位诺贝尔科学奖的获得者。此前,2011 年 9 月 23 日,她因同样的杰出贡献获得拉斯克奖。

诺贝尔奖的颁奖词说:"中国科学家屠呦呦从传统中草药里找到了战胜疟疾的新疗法。"

拉斯克奖的颁奖词说:"屠呦呦领导的团队,将一种古老的中医治疗方法,转化为今天最强有力的抗疟疾药。"

屠呦呦教授获奖后在接受中央电视台采访时说:"青蒿素是传统中医药送给世界人民的礼物……获奖是中国科学事业、中医中药走向世界的一个荣誉。"

李克强总理在贺电中说:"屠呦呦获得诺贝尔生理学或医学奖,是中国科技繁荣进步的体现,是中医药对人类健康事业作出巨大贡献的体现。"

"青蒿素"是 20 世纪 60 年代越南战争的产物。越战双方都遭受着热带雨林中传染性疟疾的重创,像军事装备方面的赛跑一样,寻找抗疟药的赛跑是影响越南战争胜负的重要因素之一。在这场赛跑中,中美双方都投入了巨大的人力物力。最终,屠呦呦教授带领的团队跑在了前面,为越战的胜利作出了突出的贡献。

屠呦呦教授发现的青蒿素,不仅支持中越军队取得了越战的胜利,更重要的是,在非洲挽救了数百万人的生命。

长期以来,人们对"中医"的效用存在争论。争论的双方对于青蒿素挽救了数百万人的生命这一事实并不存在分歧。这一"实践"可以成为检验"中医效用"的"标准"吗? 反对中医的人可能因此而改变自己反对中医的立场吗? 不可能。支持中医的人依然会支持中医,反对中医的人依然会反对中医。对于"青蒿素挽救了数百万人的生命"这一观察事实，对于这一"实践"结果，支持中医的人会做出支持中医的解释，如屠呦呦教授、诺贝尔奖评委会、拉斯克奖评委会和李克强总理；反对中医的人会做出反对中医的解释。

习惯于"大批判思维"的一些人，将中医"有效"与"无效"的分歧视为"真理"与"谬误"的分歧，力图用自己的"真理"去批判别人的"谬误"。这种思维方式与他们从小接受的"科学崇拜"教育有关，与他们在基础教育中形成的思维范式有关，与传统教育模式有关。

具有审辩式思维的人能够接受多种价值并存的可能性，他们在坚持自己的"真理"的同时，也能包容别人的"真理"。他们能够理解，尽管还会不断地出现青蒿素一类的科学新发现，人们关于中医效用的争论仍然会继续下去。对于那些坚定相信中医的人，任何"新发现"也不会动摇他们对中医的相信；对于坚定反对中医的人，任何"新发现"也不会动摇他们反对中医的立场。更多的人，则会在"信"与"不信"之间摇摆。

示例五 肯尼迪兄弟面临的艰难选择

2000 年 8 月 14 日出版的《新闻周刊》的封面人物是当时已经去世 32 年的美国前司法部部长罗伯特·肯尼迪,他是约翰·肯尼迪总统的弟弟,于 1968 年被刺身亡。这期杂志的重头文章是一篇题为《战争边缘的鲍比》(鲍比为罗伯特的昵称)的长文,披露了 1962 年古巴导弹危机中的罗伯特·肯尼迪发挥的关键作用和美苏之间的秘密交易,这个秘密曾被保守多年。

1962 年 10 月 16 日,美国中央情报局的侦察资料显示,苏联已经在古巴部署了导弹。在当时不到 20 人的美国国际关系最高决策圈中,鹰派占据了绝对的优势,一个对位于古巴的导弹基地进行空中打击的命令已经箭在弦上。在这个关键时刻,罗伯特站出来提出了这种空中打击的道德问题。他说:"在这种空中打击中,将有数以千计的古巴平民和苏联人丧生。不加警告地偷袭不是美国的传统,在美国 175 年的历史中从未发生。美国不应是日本,我的哥哥肯尼迪总统也不应是东条英机。"

罗伯特·肯尼迪的发言扭转了鹰派和鸽派的力量对比。其后,他为肯尼迪总统起草了给苏联领导人赫鲁晓夫的信,自己约见了苏联驻美大使多伯雷宁和其他人员,最终达成以撤出美在土耳其导弹基地换取苏撤出古巴导弹基地的秘密交易。在苏撤出古巴导弹基地 5 个月后,美国悄悄撤出了土耳其导弹基地。

美苏之间达成的这一妥协中包括保密约定。双方都履行了保密约定,使关于这一交易的秘密被保守多年。当时,在美国的知情者仅仅有肯尼迪总统最亲密的四五个人。当时这一秘密如果被泄漏,肯尼迪总统将会受到强烈的攻击,将会受到欺骗国会和公众的指责,尽管这一秘密交易使美国、使人类避免了一场核战争。

苏联的导弹是在美国的监视下公开撤出的。这次"导弹危机"为肯尼迪总统赢得了很大声望,也使赫鲁晓夫在国际共运阵营遭到批评。因这一事件,在后来的中苏论战中赫鲁晓夫头上又多出了一顶帽子——投降主义。

　　肯尼迪总统在美国人中拥有很高的声望，美国的许多大城市都建有肯尼迪中心和肯尼迪机场。他的这种声望主要来自他对美国黑人民权运动的支持。肯尼迪兄弟在支持美国黑人民权运动中所表现出的人道主义精神早已给人们留下了深刻印象，这种人道主义精神又一次表现在古巴导弹危机中。不管他们有怎样的功过和个人缺陷（肯尼迪兄弟与影星梦露的关系一直受到诟病），都应该感谢肯尼迪兄弟和赫鲁晓夫主席，毕竟由于他们的人道主义精神和理智，使人类避免了一场灾难。

　　以审辩式思维对古巴导弹危机的幕后交易进行审视，可以引起许多思考。在这件事上，肯尼迪兄弟不仅欺骗了自己的安全顾问们，欺骗了美国国会，欺骗了美国民众，而且挑战了美国的宪法和"程序民主"。但是，他们却使人类避免了一场核灾难。

　　比较中国与一些发达国家的中小学教育，不难发现，二者最突出的区别在于审辩式思维。这种区别的一个突出表现就是，在我们的中小学教育中，一些人习惯于给历史事件和历史人物贴上"进步""正义""反动""善良""邪恶"一类的标签："太平天国是反帝反封建的爱国农民运动"，"辛亥革命是结束封建专制制度的现代民主革命"，"五四运动开启了新民主主义革命，实现了中国人的启蒙"，"罗斯福新政从大萧条中挽救了美国经济"……

　　同时另一些人却会为同样的历史事件和历史人物贴上非常不同的标签："太平天国是一个迷信、愚昧、极权的暴力集团造成的一场使无数普通百姓惨遭荼毒的动乱"；"辛亥革命是改革失败的恶果，导致中国38年的动乱"；"五四运动开启了中国的激进主义，中断了中国人的启蒙"；"罗斯福新政延长了大萧条的时间，加重了大萧条对美国经济的损害"……

　　具有审辩式思维的人能够理解，何为正义？在许多情况下并没有简单的答案，在许多情况下，我们需要对"正义"进行审辩。

示例六　卡梅伦为什么向支持苏格兰独立的人致敬？

2014 年 9 月 19 日，在苏格兰独立公投揭晓之后，英国首相卡梅伦发表演说。在演说中，他在感谢那些反对独立的民众的同时，也向那些支持苏格兰独立的人致敬。

卡梅伦为什么向支持苏格兰独立的人致敬呢？卡梅伦可能是世界上最不希望看到苏格兰独立的那个人。他相信，分裂的结果是两败俱伤，无论是作为英国首相，还是作为一个普通的英国人，他都不希望看到英国的力量因苏格兰的独立而被削弱。这种削弱将会表现在经济、国防、外交、科学技术，以至体育等各个方面，将不利于英国在世界上发挥更积极的作用，将使英国更快地沦落为一个二流国家。基于他的国际政治视野，他相信欧洲国家需要联手来维护一个强大的欧洲，来维护欧洲国家的共同利益。受到分裂损害的不仅是英国，也是欧洲。位于苏格兰的核武器研究和储存设施将面临艰难的搬迁。英国财政将失去重要的来自北海油田的税收收入。

主张苏格兰独立的人有他们的道理：他们可以更高效地建设苏格兰，不必等待伦敦的官僚们高高在上、隔靴搔痒的指挥；苏格兰人口仅仅占英国人口的十分之一不到，在伦敦，苏格兰人民的诉求很难被听到，苏格兰人民的利益很难受到足够的尊重和保护；苏格兰应该成为一个无核国家，既不需要拥有核武器，也不需要承担核污染和核报复的风险；苏格兰可以独享北海油田的丰厚资源；……

卡梅伦向支持苏格兰独立的人致敬，除了作为政治策略，也与他所接受的英国式教育有关，与他从小发展起来的审辩式思维有关。他能够理解，基于不同的价值取向和个人偏好，对苏格兰独立问题持有不同看法是很自然、很正常的事情。

示例七　新加坡的威权政治值得效仿吗？

新加坡领导人李光耀说："我们已经征服了太空，但我们还没有学会如何征服自身的原始本能和情绪，这些本能和情绪对于我们在石器时代的生存是有必要的，但在太空时代却没有必要。"

我非常认同他的这句话。老子说："胜人者有力，自胜者强。"为了战胜自身的原始本能，需要发展审辩式思维。在"太空时代"，"原始本能"确实"没有必要"，而审辩式思维，却必不可少。

有人说中国可以效仿新加坡的威权政治，可以借鉴新加坡的成功经验。新加坡在一个弹丸之地的小岛上，在没有多少自然资源可以利用的条件下，创造了经济持续发展的奇迹，人民安居乐业、平静祥和，人均GDP超过美国，位于世界前列。新加坡背负复杂而沉重的历史遗产，但成功地协调了种族、宗教、语言等敏感问题，成功地维护了社会的稳定和安宁，成功地解决了就业、住房、医疗、养老等一系列棘手的社会问题，成功地协调了劳资之间的关系，创造了一个各方共赢的局面。在经济发展中，同时发挥了政府调节与市场调节的作用，既避免了政府对市场的过多干预，也有效控制了市场的盲目性。对贪污采取零容忍的立场，创造了世界上最廉洁的政府，努力抑制种族、信仰、权力、金钱的影响，打造了一个"举贤任能、唯才是举"的人力资源管理体系，打破了"小国无外交"的传统看法，合纵连横，左右开源，成功地拓展了外交空间，在国际上享有的影响力远超其地域和国力。

李光耀是一个爱国者和务实者，不拘泥于任何理论教条，一切从实际出发，是一个"实事求是"的典范。他努力依法治国，不遗余力地守护法律的尊严。他终生学习，在89岁高龄的时候，还在坚持跟着自己的汉语教师学习汉语。

有人说中国不可以效仿新加坡的威权政治，不可以照搬新加坡的模式，说李光耀是一个独裁者、功利主义者和社会达尔文主义者，他没有超越性的信仰。他所建立的国家名为"新加坡共和国"，实际上是"李氏王国"。李光耀实行严格的舆论管控，严厉地打击异己力量，侵害人权，尤其是侵害人的言论和结社权利。李光耀以所谓的"亚洲价值""儒家价值"抗拒"普世价值",以"仁政""善政"抗拒"宪政",以权力的"政绩合法性"抗拒"民主合法性",肆意地以"集体利益"侵害"个人利益"。李光耀过多地侵害了人的"消极自由",例如,为了强推英语,他打压华文学校和华文媒体。为了强推普通话,他强制关闭了新加坡的闽南语和粤语电台,侵害了华人讲汉语、闽南语和粤语的权利。新加坡社会是一个"一花独放""鸦雀无声"的社会。新加坡人是这个星球上最缺乏梦想的一群人,他们的全部梦想就是从现在居住的政府组屋升级到私人公寓,他们很少有物质之外的追求,他们是最乏味的一群人,是最缺少浪漫情怀的一群人。

　　孰是孰非?具有审辩式思维的人能够理解,这个问题并不存在唯一的标准答案。

第三辑　文 学 与 艺 术

示例一　黛玉宝钗，你喜欢谁？

我的研究方向是教育和心理测量，大半生从事考试研究工作和人员评价工作。从 20 世纪 80 年代后期开始，在为各种机构组织的招聘晋升考试中，在人力资源和社会保障部主持的《国家职业汉语能力测试》(ZHC) 的口试中，我 20 多年反复使用的一道口试试题是：黛玉宝钗，你更喜欢谁？为什么？

一次，一位应考者说自己喜欢黛玉，并陈述了许多理由。我问：你有孩子吗？她说有。我问：男孩还是女孩？她说是男孩。我问：你希望自己将来有一个黛玉这样的儿媳妇吗？她考虑了一会儿，回答说：不希望。

一次，一位应考者说自己喜欢宝钗，并陈述了许多理由。我问：宝钗知道宝玉喜欢的是黛玉而不是自己，但她还是欣然嫁给了宝玉。如果是你，你会这样做吗？她考虑了一会儿，回答说：不会。

这道口试题目，我还会在今后的考试中继续使用下去。

人们有许多理由像宝玉和曹雪芹一样地喜欢黛玉。她天生丽质、气质优雅，让心直口快的凤姐第一次见到她时惊叹道："天下竟有这样标致的人物，我今日才算见了！"她聪慧睿智、博闻强记、才华横溢，具有浓郁的诗人气质。她多愁善感、楚楚动人、惹人怜爱，"娴静时似娇花照水，行动处如弱柳扶风"。宝玉反感宝钗、湘云对他谈"仕途经济"，对湘云和袭人讲："林姑娘从来说过这些混账话吗？要是他也说过这些混账话，我早和他生分了。"此话被隔墙的黛玉听到，"不觉又喜又惊……所喜者：果然自己眼力不错,素日认他是个知己,果然是个知己"。如此超凡脱俗、心高气傲、洞明犀利的女孩,怎么能不让人喜欢呢?

人们有更多的理由喜欢宝钗。她"肌肤丰泽……脸若银盆,眼同水杏,唇不点而含丹,眉不画而横翠","任是无情也动人"。她端庄稳重,温柔敦厚,豁达大度,宠辱不惊,喜怒不形于色。她聪明机警,饱读诗书。当王夫人因自己的身边丫鬟金钏儿投井身亡而自责时,"宝钗笑道:'姨娘是慈善人,固然是这么想。据我看来,他并不是赌气投井,多半他下去住着,或是在井跟前憨顽,失了脚掉下去的。他在上头拘束惯了,这一出去,自然要到各处去顽顽逛逛,岂有这样大气的理? 纵然有这样大气,也不过是个糊涂人,也不为可惜。'王夫人点头叹道:'这话虽然如此说,到底我心不安。'宝钗笑道:'姨娘也必念念于兹。十分过不去,不过多赏他几两银子发送他,也就尽主仆之情了。'"如此善解人意、能说会道、伶牙俐齿的女孩,又怎么能不让许多人喜欢呢?

示例二　留在天堂做魔鬼，还是 回到地狱做天使？

为了提高审辩式思维水平，可以读一读雨果的小说《悲惨世界》。小说的主人公冉阿让因偷取一块面包而成为犯人，做了 19 年的苦役。获释后，在老主教的感召下，他成为一个勤勉敬业、一心向善的成功企业主和市长。为了避免一个人因与自己相貌相似而落入冤狱，他放弃了自己来之不易的成就，再次入狱。后来，他成功从狱中逃脱，隐姓埋名，用自己全部的爱，改变了已经去世的贫穷女工芳汀的女儿珂赛特的命运，帮助她获得了体面、幸福的生活。

审辩式思维的核心理念之一是"不懈质疑"。在《悲惨世界》中，有许多可以质疑之处：

老主教是否应该宽恕和纵容恩将仇报、偷窃银器的冉阿让？如果每个人都像老主教那样纵容违法者，法治社会怎样建立？

冉阿让是否应该为了挽救蒙冤的商马第而自首？为此，他经历了内心剧烈的挣扎。雨果将描写他内心挣扎的这一节的题目写为《脑海风暴》。

冉阿让想到了曾改变自己人生的老主教，因此，他不愿做一个人格扫地而受人恭维的官吏，宁愿去做一个失去名誉却可敬的囚徒。因此，他不愿留在天堂里做魔鬼，宁愿回到地狱里做天使。

冉阿让想到了需要自己帮助的芳汀和需要自己去拯救的珂赛特。"那饱尝痛苦、颠连无告的妇人，那苦命的孩子，我原打算把她带来，带到她母亲身边。如果我走了，将会发生什么事呢？母亲丧命，孩子流离失所。那可怜的小珂赛特，她在世上只有我这样一个依靠，可现在她一定在那德纳第家的破洞里冻得发青了。"

冉阿让想到了在他的帮助下摆脱了贫困的许许多多的家庭。"这里有地，有城，有工厂，有工业，有工人，有男人，有女人，有老公公，有小孩子，有穷人。我维持着这一切人的生活，我使人们生活安乐，我扶植、振兴、鼓舞、丰富、推动、繁荣了整个地方。我退避，一切都将同归于尽。这样做,完全是自私自利。我应为更多的人着想,不能只想到自己的灵魂获救。"

在驾着马车去挽救商马第的一天一夜的奔波中,冉阿让一直经历着剧烈的内心冲突。实际上,直到他走进法庭的那一刻,他一直挣扎在内心的两个声音之间。

警察沙威是否应放走逃犯冉阿让?"在他面前看见了两条路,都是笔直的,确实他见到的是两条路,这就使他惊慌失措,因为他生平只认得一条直路。使他万分痛苦的是这两条路方向正相反。两条直路中的一条与另一条绝对排斥。"一方是法律,另一方是善良;一方是社会利益,另一方是个人良知。究竟哪一条是正确的呢?

从更宽广的角度讲,还可以质疑:

冉阿让和造就了他的老主教都虔诚地相信:冥冥之中,存在注视着自己所言所行甚至所思所想的至高无上。"人在做,天在看。"是否真的存在那个全知全能的至高无上呢?

冉阿让本来可能帮助许多人改变命运。但是,他仅仅帮助珂赛特一个人改变了命运。他仅仅为一个珂赛特付出了自己的一生,值吗?他是否迷失了自我?

可以质疑的问题还有很多很多。《悲惨世界》出版已有一个半世纪,至今仍然直指人心,仍然引起许许多多具有审辩式思维的人的思考,仍然激励和鼓舞着许多向往高尚生活的人。

留在天堂中做魔鬼?回到地狱中做天使?这不是仅仅靠分析性推理就可以回答的问题,这是需要借助审辩式思维做出选择的问题。

示例三　该不该放走朗德纳克？
该不该处死郭文？

有人问我："为了提高审辩式思维能力，该读什么书呢？"我想，首先应该读的一本书是在雨果 72 岁时出版的他的最后一部小说《九三年》。雨果为此书的写作准备了十几年。

小说的背景是法国大革命。小说的三个主人公是共和军司令员郭文、公安委员会特派监军西穆尔登和保皇派首领朗德纳克侯爵。郭文是朗德纳克的侄孙、被抚养人和唯一继承人。西穆尔登是郭文的家庭教师，情同父子。郭文是西穆尔登在这个世界上最亲的亲人。

保皇派兵败后，朗德纳克本已经逃脱，但为了挽救三个农妇的小孩，他从烈火中救出小孩，束手就擒。

郭文想到侯爵是在用自己的生命换取三个农妇孩子的生命，放走了侯爵。西穆尔登按法律处死了郭文。在郭文的头颅从断头台上滚落的同时，西穆尔登也开枪结束了自己的生命。

审辩式思维的核心理念之一是"不懈质疑"。在《九三年》中，有许多可以质疑之处：

该不该放走侯爵？郭文自己也在挣扎。他知道，在绝对正确的革命之上还有一个绝对正确的人道，在政治分歧之上应有更高的道德律令；他也知道，放走了侯爵，已经被扫灭的保皇党叛乱就会死灰复燃，卷土重来，那么，不知有多少人的生命将会被剥夺，不知有多少个家庭将家破人亡。

该不该处死违法放走了侯爵的郭文？不同意见的冲突充分体现在包括西穆尔登在内的三人审判委员会中。西穆尔登之外的另两个审判员中，一个审判员主张处死郭文，他说，法不容情，任何人都不可以挑战法律。另一个审判员主张宽恕，他说，如果必须有人去死，我愿意代替郭文去死。最后，西穆尔登在"合情"与"合法"之中选择了"合法"。

从更宽广的角度讲，还可以质疑：

法国是否一定要用暴力革命的方式实现社会的进步？为什么不能

像英国、日本一样以渐进的方式实现从皇权专制向民主政治的转型？

1989 年，33 个国家的元首齐集巴黎，纪念法国革命 200 周年。那场充满屠杀、暴力、血腥、残忍、偏激、阴谋的大革命，那场使无数个像郭文、西穆尔登一样无辜的人纷纷人头落地的大革命，是否值得人们如此隆重纪念？

可以质疑的问题还有很多很多，200 多年后的今天，法国革命仍然是人们热议的话题，托克维尔的《旧制度与大革命》仍是热门的畅销书。

《九三年》向我们揭示：面对复杂的世界，基于不同的价值取向和个人偏好，可能存在不同的看法。

在处决郭文的前夜，西穆尔登几乎通宵与郭文促膝交谈。让我们听一听他们在自己人生的最后时刻谈了些什么吧。让我们感受一下那个伟大时代那些杰出人士们的风采吧。

> **郭：** 看得见的事业是粗暴的，看不见的事业是崇高的。革命必须利用过去的材料，因此才有这不平凡的九三年。在野蛮的脚手架下，正在建立一座文明殿堂。这是风暴，风暴知道自己在干什么。一株橡树被雷劈倒，但有多少森林得到净化！文明染上了黑热病，但在大风中得到治愈。也许风暴应该有所选择？但是它负责如此大规模的清扫工作，能够温文尔雅吗？疫气如此可怕，狂风怒号是完全可以理解的。

> **西：** 是的，从暂时现象中必将诞生最后的结果。最后的结果就是权利与义务共存、比例制累进税、义务兵役制、平均化、消灭偏差，在万人万物之上是一条笔直笔直的线——法律。尊崇绝对性的共和国。

> **郭：** 我更喜欢尊崇理想的共和国。呵，老师，您刚才提到那么多，里面有忠诚、牺牲、忘我、相互宽厚、仁慈和爱吗？在天平之上是竖琴。您的共和国对人进行衡量、测定、校准，而我的共和国将人带上蓝天，这就是定理与雄鹰的区别。

> **西：** 你会在云端迷路的。

> **郭：** 而您会在计算中迷路。

西：和谐中少不了空想。

郭：代数中也少不了空想。

西：我喜欢欧几里得创造的人。

郭：可我哩，更喜欢荷马创造的人。

西：那是诗。别相信诗人。

郭：对，我知道这句话。别相信微风，别相信光线，别相信香味，别相信鲜花，别相信星星。

西：这些都不能当饭吃。

郭：不见得吧！思想也是食物。思考等于吃饭。当然，需要首先消灭各种寄生生活：教士的寄生生活，法官的寄生生活，士兵的寄生生活。其次，好好利用我们的财富，让所有的风、所有的瀑布、所有的磁流都为我们服务吧。仅此是不够的，如果我们不能给大自然增添一些东西，那又何必摆脱大自然呢？那我们就像蚂蚁一样只管觅食，像蜜蜂一样只管酿蜜，像其他动物一样只管劳作好了，不必成为有思想的主宰。蜂窝所没有的，蚂蚁窝所没有的，我们都要有。我们要有纪念性建筑，有艺术，有诗歌，有英雄，有天才。永远背负重担，这不是人的法则。不，不，不，再没有贱民，再没有奴隶，再没有苦役犯，再没有受苦人！我希望人的每一个属性都是文明的象征、进步的模式。我主张思想上的自由、心灵上的平等、灵魂上的博爱。不！再不要桎梏了！人生来不是为了戴锁链，而是为了展翅飞翔。人不要再当爬行动物了。我希望幼虫变成昆虫，蚯蚓变成活的花朵，飞起来。

雨果在书中写道：

大自然是无情的。面对万恶的人间，大自然依旧赐予鲜花、音乐、芬香和阳光；它用神圣的美反衬出社会的丑恶，从而谴责人类。它既不撤回蝴蝶的翅膀，也不撤回小鸟的歌唱，因此，处于谋杀、复仇、野蛮中的人不得不承受神圣物体的目光；他无法摆脱和谐的万物对他强烈的责难，无法摆脱蓝天那无情的宁静。在奇妙的永恒中，人类法则的畸形被揭露无遗。人在破坏、摧残，在扼杀，人在杀戮，但夏天依旧是夏天，百合花依旧是百合花，星辰依旧是星辰。

相互友爱的树，成片的草地，深深的平原，这一切纯净贞洁，是大自然对人类的永恒忠告。然而在这一切之中人类却暴露了可憎的无耻，在这一切之中是堡垒和断头台，是战争与酷刑，是血腥历史和血腥革命这两张面孔，是往昔黑夜的猫头鹰和未来黎明的蝙蝠。在这个鲜花盛开、香气扑鼻、深情而迷人的大自然中，美丽的天空向象征皇权的城堡和象征革命的断头台洒下晨光，仿佛对人说："瞧瞧我在干什么，你们又在干什么？"

什么是分析性推理与审辩式思维的区别？那就是"定理"和"雄鹰"的区别，那就是"欧几里得创造的人"与"荷马创造的人"的区别。

示例四　《项链》的中心思想是什么？

《项链》是莫泊桑最著名的短篇小说之一，曾被收入多种版本的语文教科书中。玛蒂尔德是一位漂亮的少妇，她的丈夫是一个普通的小职员。她虽然地位低下，却向往上流社会的生活。为了出席一次盛大的晚会，她用丈夫积攒下的 400 法郎做了一件礼服，还从好友那里借来一串华贵的项链。在晚会上，玛蒂尔德以自己的美貌和华贵而光彩夺目，获得了极大的满足感。不料，项链在回家途中丢失。她只得借钱买了一条标价 4 万法郎的新项链还给朋友。为了偿还债务，她节衣缩食，整整劳苦了十年。在这艰难的还债过程中，玛蒂尔德的手变得粗糙了，容颜也衰老了。为了一夜狂欢，她付出了十年的艰辛。最后，她得知那只是一串价值不足 500 法郎的假钻石项链。

很长时间以来，语文课上的一项重要活动是归纳概括课文的"中心思想"。

《项链》的中心思想是什么呢？一种说法是：小说尖锐地讽刺了小资产阶级的虚荣心和追求享乐的思想，揭示了资本主义社会中无权无势者的不幸命运，批判了把人分为上流、中产和下层的等级社会。

一种说法是：小说展现了资本主义社会中女性的不幸。她们没有实质上的社会地位，没有自己的独立意志，没有自己的事业，没有自己的理想，她们实际上仅仅是男性社会的摆设和男性的玩偶，她们的全部理想不过是得到男性的赏识。独立意识的缺失使她们沦为男性社会的附庸。

一种说法是：小说是一曲人性美的赞歌，是一曲对诚信价值准则的赞歌，是一曲对不向命运屈服的人生态度的颂歌。玛蒂尔德在借项链时并没有写下借据，她没有拒不承认自己借项链的事实，没有找理由逃债，她借钱做了赔偿；玛蒂尔德的朋友并没有因这笔意外的横财而窃喜，坦率地告诉玛蒂尔德项链是假钻石的真相。这些，都展现了诚信的品格。天生丽质的玛蒂尔德没有靠出卖色相去维系体面的中产阶级生活，而是通过辛苦的工作和节衣缩食来偿还债务，表现了向命运抗争的坚韧和勇气。

一种说法是：小说是一曲爱情的赞歌。面对生活中突然出现的不幸，真心相爱的一对恋人互相体贴，互相关爱，共同携手走过了艰辛的路程。他们虽然失去了安逸和富足，但是，他们收获了互相尊重、互相牵挂、互相体贴的爱情。

一种说法是：小说揭示了人生的荒谬、痛苦和无意义，揭示了人在命运面前的无奈处境。在命运面前，人的梦想是虚幻的，人的自以为是的抗争是可笑的。小说以几近恶毒的手法嘲笑了人对世间浮华的执着，嘲笑了那些试图驾驭命运者的虚妄和荒谬。

在语文课上是否需要归纳概括课文的"中心思想"呢？当然需要。在"移动互联"的时代，教育的主要任务并不是传授一些特定的知识，而是发展学生的阅读理解、口头和书面表达、分析性推理能力和审辩式思维等核心素养。对于这些核心素养的发展，概括归纳一份资料（一个文字段落，一篇文章，一本书，一组数据，一个图表，一张 图……）的"中心思想"是非常重要的。实际上，在今天国家公务员局主持的用于国家公务员录用考试的《行政职业能力测验》、人力资源和社会保障部主持的《国家职业汉语能力测试》(ZHC)中，都包含"主旨概括"题型，这些题目所考查的就是概括归纳"中心思想"的能力。

在语文课上，与学生们一道归纳概括"中心思想"并没有错，这种活动，可以发展学生的核心素养。在这种活动中，我们需要理解，不同的人可以概括出不同的中心思想。作者可以有作者写作的"中心思想"，读者也可以有读者阅读的"中心思想"。不同的人，在不同的情境下，基于不同的知识背景，基于不同的人生阅历，基于不同的情感体验，可以概括归纳出不同的"中心思想"。

玛蒂尔德的梦想，虚幻吗？对高贵生活的向往，鄙俗吗？为了一夜狂欢而付出十年艰辛，值得吗？失去了中产阶级安逸舒适的生活，却换得了夫妻之间相濡以沫的依恋，遗憾吗？……具有审辩式思维的人可以理解，对于这些问题，由于不同的价值取向和个人偏好，存在不同的答案。

示例五 用不懈的质疑挽救生命

如果有人问：看什么电影有助于提高审辩式思维水平？那么，我首先要推荐亨利·方达主演的《十二怒汉》。此片由米高梅公司出品，于1957年上映。这是一部典型的"小成本制作"，全片几乎只有一个场景——法院中狭小的陪审团会议室、全剧没有任何强烈的感官刺激和视觉冲击、全剧没有出现一个女性。但是，此片不仅获得了第30届奥斯卡金像奖的最佳影片、最佳编剧和最佳剧本三项提名，不仅获得了第7届柏林电影节的金熊奖，而且产生了持续的影响。在半个多世纪之后的今天，仍然可以带给我们启发和思考。

影片中，一个在贫民窟中长大的男孩被指控谋杀生父，法庭上，证人的证词和凶器都显示证据确凿，似乎是铁证如山。此案的陪审团由12个普通人组成，包含建筑师、股票经纪人、中学体育教师、广告商、推销员、退休警察、钟表匠等。按照美国的法律规定，12人必须取得一致。否则，就将另组新的陪审团，重新开庭。

一开始，绝大多数人认为被告的罪行毫无疑义，讨论不过是履行一个必要的程序，不过是走走形式。但是，第一次表决的结果是11：1，由亨利·方达主演的8号陪审员、建筑师戴维投了反对票。他并不确认被告无罪，只是感到人命关天，需要对可能存在的疑点进行一些深入的讨论。伴随讨论的深入，新的疑点逐渐被发现，法庭上控方的几个几乎不容置疑的关键证据被推翻。伴随讨论的深入，表决结果出现了戏剧性的改变：10：2，9：3，8：4，6：6，3：9，1：11。最终，12个陪审员达成了一致意见：无罪。

在讨论过程中，多次出现激烈的争论和交锋，"怒汉"之间甚至险些发生暴力冲突。电影跌宕起伏、高潮迭起、引人入胜。电影是一项合作的艺术，只有出色的编剧、导演和演员偶然相逢，才可能产生优秀的影片。《十二怒汉》就是这样一部优秀的作品。

这部影片用非常生动形象的艺术形式对审辩式思维进行了阐释。由于被告是处于社会底层的移民，并且是少数族裔，自己请不起律师，法院为被告指派了公益律师。疏忽的检察官和不称职的律师,险些将一个无辜的人送上电椅,酿成大祸。正是由于戴维等人"不懈质疑"的精神,才补救了检察官和律师的疏漏和错误。正是 12 位陪审员"包容异见"的精神,才最终平息了激烈的冲突,弥合了很大的意见分歧,形成了一致的意见。

具有审辩式思维的人能够理解,许多情况下,分歧的关键在于其是否属于普乐好的一项。戴维在第一次表决投出"无罪"一票时,他并不能确认自己的看法是"正确的"。事实上,直到最后大家虽然一致给出了"无罪"的意见,但并不能确认被告不是凶手,也不能确认给出的是"正确的"意见。经过讨论,大家达成的共识是:没有足够的证据可以确认被告是凶手。根据"疑罪从无"的基本法律原则,只能给出无罪的意见。戴维在说出了自己的疑问后,他提议再表决一次,他说,如果再次表决的结果仍然是 11∶1,他就放弃自己的意见,服从多数人的意见。一方面,戴维表现出"不懈质疑"的精神;另一方面,他也并不打算在证据不足的情况下固执己见。结果,他得到了 9 号陪审员的支持,第 2 次表决的结果是 10∶2。

具有审辩式思维的人能够理解,不同的价值取向和个人偏好会影响到一个人的普乐好选择。影片生动地向观众展示了不同偏好产生的影响:有的人存在种族偏见,有的人存在关于贫富的阶层偏见,有的人存在心灵创伤,有的人仅仅关心不要耽误一场重要的球赛……

影片还可以引起我们进一步的思考:将裁判权交到一些修养参差不齐、很容易受到情绪左右的非法律专业人士的手上是否合理? 美国的陪审团制度存在哪些缺陷和弊端?"全体一致"的原则是否合理? 是否可以采用多数决定、三分之二决定或者四分之三决定的裁决方式? 在民主社会中人们应当如何行使自己手中的权力? 保护嫌疑人的权利和惩治杀人犯,都包含着对生命的尊重,在二者之间怎样寻找合理的妥协点? ……

为了提高审辩式思维水平,与你的学生或你的孩子一道,去看看亨利·方达主演的《十二怒汉》吧。

第四辑 教育与教学

示例一 怎样看待中国教育的现状?

一次,我的学生转给我一段某人尖刻批评中国教育的视频。看后,我给我的学生发信说:"通篇都是负能量,没有一点儿正能量,没有一点儿建设意义,不能给人带来丝毫希望。教育改革,不是控诉一通、抱怨一通、发一通牢骚就可以解决的问题,需要进行坚韧的、耐心的努力,需要'不立不破、先立后破、边立边破'的长期努力。行政职业能力测试1989年初次被引入国家机关补充工作人员考试,到2002年公共基础知识考试退出国考,前后凡13年。这就是一个'边立边破'的成功案例。"

讨论教育改革,需要基于对教育现状的审辩式论证之上。我对中国教育的基本估计是:在大众教育方面很成功,在创新型人才培养方面很失败。

由于中华文化中具有重视教育的基因,由于应试教育盛行,我国教育的成绩是明显的。2001年,美国在小布什总统的推动下启动了教育改革,其口号是"一个都不能少"。在美国的教育环境中,"掉队"现象确实曾经非常严重。小布什教育改革的重要内容就是加强考试,核心举措就是在四年级和八年级举行州统考,通过考试加强对学校和教师的问责。在教育方面,奥巴马基本上与小布什一脉相承。他提出具有浓厚竞争色彩的"力争上游"计划,强调教育问责,加强教育评估。他拿出43.5亿美元的"力争上游基金"奖励那些在教育评估中取得好成绩的学校和教师,其中一部分资金直接用于加强统一考试和改进评估系统。

就"避免掉队"讲,我国的教育是非常成功的,比包括美国在内的许多西方国家都成功。我们的"应试教育"不仅避免了许多孩子"掉队",而且把一大批处于中下水平的孩子提升到中等水平,把一大批处于中等水平的孩子提升到中上水平。中国制造业取得的巨大成功,与中国教育的成功不无关系,与中国教育培养出了一大批高质量的劳动者不无关系。包括河北衡水中学在内的许多善于运用考试分数和功利目标激励学生的教育机构,在避免孩子"掉队"方面,在实现"一个都不能少"方面,功不可没。

我国教育存在的问题主要表现在创新型优秀人才的培养方面。中国制造业在产业链中处于中下游,中国在付出巨大的资源、环境代价后获利微薄,与中国教育在培养创新型人才方面的失败不无关系。

中国教育,在"一个都不能少"方面,成绩是巨大的;在"一个都出不来"方面,问题是严重的。今天教育改革的主要任务是要为创新型人才的成长创造更好的条件,避免继续将中国的罗蒙诺索夫、爱因斯坦、比尔·盖茨和乔布斯扼杀在幼儿园、小学和中学。

30年来,成千上万的教师和教育研究人员为教育改革付出了艰苦的努力。在他们的努力下,教育领域中悄悄地发生了许多变化。

例如,教材已经由当初的"一纲一本"变为了"一纲多本"。过去很多年,全国的中小学曾经统一使用人民教育出版社出版的教材。1985年,教育部明确了"一纲多本"的基本方针。现在,基本上已经形成了"多省一本""一省一本""一省多本"的局面。在教材开发方面,虽然尚未形成"千帆竞发""百舸争流"的局面,但已经形成了人教版、江苏版、北京版、北师大版等不同版本竞争的局面,已经为教材开发引入了一定的优化机制和改革动力。

又如,由于"一纲多本"局面的形成,高考与教材已经基本脱钩。15年前,当我们开始呼吁考试与教材脱钩时,曾经遭到一线教师的强烈抗拒。有人指责说:"你们破坏正常的教学秩序。"有人说:"你们搞应试教育。考试与教材脱钩,正规的课本不教,只好全力以赴应试了。"有人说:"我教的课本你们不考,这个书没有办法教了。"2002年,新疆维吾尔自治区招办曾经给负责高考汉语试卷命题的北京语言大学汉语水平考试中心发来正式公函,要求考试内容必须保证至少55%来自高中教材。

公函中措辞严厉地说，如果不能保证这一比例，我们需要承担一切"政治后果"。当时，考试内容如果过多脱离课本，学生中可能出现不稳定因素，教师中也可能出现不稳定因素，所以，我们需要对"政治后果"负责。当时，我是命题责任人。10多年后的今天，教师们已经基本接受了考试与课本脱钩的现实。许多教师，开始形成"能力发展"的概念，他们已经知道在考试不直接考课本内容的情况下，怎样教书。

再如，我曾在《北京观察》杂志1998年第3期发表《改革高校招生体制的可能性已经出现》一文，呼吁大学校长争取招生中的4项权力：第一，对高考科目的取舍权和剪裁权，争取根据自己的办学思想和价值观制定高考科目的分数组合方案；第二，加试权，根据自己的办学思想在高考之外增加自己选择的能力考试或面试；第三，签约权，与一些契合自身办学思想的中学签订"供需合同"；第四，特权，招收那些对某一领域表现出特殊兴趣和潜能的学生。当时，争取这4项权力基本属于"天方夜谭"。16年后的今天，许多校长已经争取到这些权力。这种对校长的"放权"也体现在2014年9月4日国务院公布的《关于深化考试招生制度改革的实施意见》中。

此外，据我了解，北京十一学校、北京四中、人大附中、北大附中、山东杜郎口中学等学校，在保护孩子的学习兴趣方面，在发展学生的能力方面，在实现"以学生为中心"的教育方面，进行了大胆的尝试，取得了显著的成绩，也影响了许许多多的校长和教师。

基于以上对中国教育现状的审辩，我认为，今天教育改革的主要任务是为那些具有较强好奇心、较强学习欲望的学生创造更大的发展空间，保护他们的创造力，保护他们的个性，使他们有机会成长为创新型人才。

示例二　什么是"语文"？

"语文"是 1949 年新中国成立以后出现的概念。之前，小学的汉语课程是《国语》，中学的汉语课程是《国文》。这种情况在台湾地区延续至今。

什么是"语文"？今天没有人能够说清楚。简单地说，主要存在 4 种看法。

第一是"语言和文字"。"语文"概念是叶圣陶于 1949 年以后提出的。叶圣陶说，语文者，口头为语，书面为文。语文课，是发展学生听说读写能力的课程。语文界的"三老"叶圣陶、吕叔湘和张志公，对于语文都持类似的看法。台湾地区小学的《国语》课，主要是学习语言和文字。

第二是"语言文字和文学"。关于《红楼梦》，鲁迅曾说："经学家看见《易》，道学家看见淫，才子看见缠绵，革命家看见排满，流言家看见宫闱秘事……"《红楼梦》的主题是什么？路遥的《平凡的世界》的主题是什么？这些，不属于"语言和文字"，不属于听说读写能力，属于文学。梁启超不赞成中学课程包含太多的文学内容。1925 年他在清华学校演讲时说："中学目的在养成常识，不在养成专门文学家……老实说，凡绝好的文学总带几分麻醉性，凡有名的文学家总带几分精神病。……诸君啊！我绝不像老学究们的头脑，骂《红楼》《水浒》为诲淫诲盗；我是笃嗜文学的人，这两部书我几乎倒背得出，其他回肠荡气的诗词剧曲，几于终日不离口。但为教中学生起见，我真不敢多用这种醉药。……我们教中学学生作文，不但希望他识字及文理通顺便了，总要教他如何整理自己的思想，用如何的技术来发表他，简单说，我们要教他以作文的理法。"（此篇演讲的手稿保存至今。可参看 2002 年 8 月 7 日刊于《中华读书报》的《中学国文教材不宜采用小说》。）我非常同意梁启超的看法，他关于"笃嗜文学"的表白也恰恰道出了我的心曲。

语文教育学者冯钟芸是 20 世纪 50 年代"汉语文学分科教学"改革的参与者，她主张"语言"和"文学"分科教学。她说："语文教学的内容是包括语言与文学两个部分的，二者所担负的任务不同，不能相互代替。

文学教育的任务是使学生从文学作品中了解生活，去感受命运、体验痛苦与幸福，并引起对文学的兴趣、爱好文学。""语言教育的任务，是使学生懂得语言的规律，能正确地掌握和运用这个规律，正确地说、正确地写。""语言和文学是两种东西，语言教育和文学教育可以相联系，但不可混淆。……文学与语言混在一起讲，容易两败俱伤。"

我国台湾地区中学的《国文》课程，包含了很大比重的文学内容。到了高中阶段的《国文》课程，以古汉语为主，古代文学占据了相当的比重。

第三是"语言文字和文化"。中国人爱喝热水，西方人爱喝凉水；中国人结婚穿红，西方人结婚穿白；中国人喜欢劝酒，西方人通常不劝酒；中国人很看重"孝"，西方人这方面的意识很淡薄……这些，属于中华文化。语文课不仅要教语言文字，还要帮助学生了解中华文化。

第四是"语言文字和人文"。教育部颁布的《义务教育语文课程标准》中包含"以邓小平理论和'三个代表'重要思想为指导，深入贯彻落实科学发展观"，"形成正确的世界观、人生观、价值观"，"体现社会主义核心价值体系的引领作用，突出中国特色社会主义共同理想"，"树立社会主义荣辱观，培养良好思想道德风尚"，"培养爱国主义、集体主义、社会主义思想道德和健康的审美情趣"，等等。这些，属于"人文"，属于思想品德教育，《语文课程标准》中的表述是"工具性与人文性的统一"。这种看法在今天中国语文教学界占据了主导地位。

在台湾地区的高中课程中，包含《高中国文》和《中国文化基本教材》两门必修课。《中国文化基本教材》是讲"四书"的。此外，还为那些准备读大学文科的学生提供一门选修课《国学概论》，主要讲经、史、子、集。

什么是语文？本来，这是一个可以问一问的问题，但是，今天很少有人去问这个问题。为什么？因为，苏联为我们留下的"传授科学真理"的教育模式，已经把多数人提问的能力扫荡干净了。

每一个伴随子女长大的父母都知道，每一个幼儿教师都知道，绝大多数孩子天生并不缺乏提问的能力，往往问得你不胜其烦。所谓发展学生的审辩式思维，无非是呵护儿童的提问能力，避免将其早早地扫荡干净。

对于"什么是语文"，一个可能的回答是："语文是一门学习汉语的课程。"

习惯于"不懈质疑"的具有审辩式思维的人会问：你说的"汉语"包括书面语吗？你说的"汉语"包括文学吗？你说的"汉语"包括中华文化吗？你说的"汉语"包括"邓小平理论"和"三个代表"吗？……

习惯于"不懈质疑"的具有审辩式思维的人还会问："汉语"只有一种还是有多种？我认为，至少存在着两种不同的汉语，一种是"职业汉语"，一种是"文学汉语"。

我在郑渊洁的短篇童话《天上有一朵云》中读到：

> 幸福使生命变得短暂。
>
> 痛苦使生命变得漫长。
>
> 这短暂使生命地久天长。
>
> 这漫长使生命转瞬即逝。

这短短的几句话给我以强烈的震撼，胸中一下子涌入了许许多多短暂而地久天长的生命，也联想到许多转瞬即逝的"漫长"。

在读顾城的《远和近》时，我的心也被深深触动：

> 你
>
> 一会看我
>
> 一会看云
>
> 我觉得
>
> 你看我时很远
>
> 你看云时很近

普希金的《渔夫与金鱼的故事》，我从幼儿园一直读到年过耳顺，至今每每再次读起仍然会生出许多的感慨，尽管具有审辩式思维的人可能会质疑："既然金鱼具有让老太婆变成女皇的法力，为什么会落入渔网？为什么无力挣脱渔网？"

普希金、顾城、郑渊洁都是优秀的作家，上面提及的几部作品都是不朽之作。但是，从"职业汉语"的角度来看，这些文学表达都存在明显的形式逻辑问题："短暂"与"地久天长"是矛盾的；相同的时空中，远与近是矛盾的；金鱼的"法力"与"无力"也是矛盾的。

从"职业汉语"的角度来看,这种矛盾是不能允许的。在《国家职业汉语能力测试》(ZHC)的试题中,常常要求考生找出语言表达中的逻辑矛盾。例如:

"别人都在看书,只有李萍一个人在七手八脚地收拾行李。"一个人不可以"七手八脚"。

"我们要吸取沉痛教训,防止以后不再发生这种医疗事故。"该防止的是"再发生",而不是"不再发生"。

在职业领域中,语言需要符合逻辑,需要表达准确,否则,就可能造成许多麻烦和损失。

一家公司在借款合同中本应写:"乙方不能按期还款,将赔偿违约金10万元及免费提供服务一个月。"结果,在起草合同时将"及"误写为"即",变成了"将赔偿违约金10万元即免费提供服务一个月"。一字之差,损失10万。

甲向乙借款14万元。在甲还了4万元后,乙写下收条:"甲向乙借人民币14万元,今还欠款4万元。"当甲乙二人最终因借款偿还问题而对簿公堂时,这张收条中"还"字的不同读音(hái 或 huán)意义相差悬殊。

1930年4月,冯玉祥与阎锡山联合抗蒋。冯的一位作战参谋在写作战命令时,将部队集结地点"沁阳"(位于豫北)误写成"泌阳"(位于豫南)。结果使部队空劳奔波,贻误战机,损兵折将,最终导致冯阎联军作战失败。一笔之差,不仅使这个参谋被枪毙,送掉性命,甚至可能改写了中国近代史。

在我写给计算机编程人员的作文评分办法中,曾经有这样的叙述:"两位评分员评分相差等级大于3时,送复评。复评分数与初评两人之中任一人所给分数相等时,取复评分。复评分数与初评两人之中任一人所给分数相差等级等于1时,取两人的平均分。"编程人员按照我的叙述编写了程序。在成绩复核时,发现许多成绩计算错误。原因在于,我的叙述中最后一次提到的"两人"是存在歧义的。幸亏在正式报告成绩之前发现了错误,否则,存在理解歧义的两个字就会酿成大祸。

职业汉语与文学汉语是两种不同的语言。其差异主要表现在:

首先，职业汉语必须符合形式逻辑，而文学汉语却不一定。文学汉语可以"短暂得地久天长"，职业汉语却不可以"一个人七手八脚"。

其次，对于职业汉语，不同的人需要有共识，需要有相同的理解，文学汉语却不一定。郑渊洁的一句"短暂使生命地久天长"让我心潮澎湃、热血沸腾，许多人却可能完全无动于衷。

第三，职业汉语必须清晰准确，文学汉语却可以模糊朦胧。例如，文学汉语完全可以朦胧如"你看我时很远，你看云时很近"。职业汉语却不允许。

第四，文学汉语可以允许一些同行甚至多数同行都"不知所云"，例如，顾城说"那时……死亡还没有诞生"；职业汉语却不能容忍那些同行都不知所云的情况。2004 年，我曾经在联合国儿童基金会的资助和辅导下编制小学语文学习能力测试。当时，一份辅导资料的"摘要"是这样的：

> 在一个对小学生的初步研究中，基于更新 SOLO 模型的认知功能的发展模型被使用去对科学概念的理解。这样一种概念，即物体怎样被直接的和在反映真实情况的东西中被领会的通过使用问卷和访谈测试学生对在画中和文章中被描绘的普遍现象的反应而被探究。

这份资料的"结论"是这样：

> 相信更新的 SOLO 理论当应用在相关的具体科学主题的时候，可能对于老师们设计更有效的教学方法以增强学生对科学主题的理解能力并且老师们还有能力使得在相当的模式中获得更高水平的回答方面是有相当富有成效的。

我是原文照录，未增减一字，未增减一个标点符号。在职业领域中，这种不知所云的文字，是不能被接受的。

许多人问我："职业汉语"课程与"大学语文"课程有何不同。我想，"职业汉语"课程的重心在于提高学生的职业汉语水平，而多数"大学语文"课程的重心则在于提高学生的文学汉语水平。

作为一个心理学研究者，我想指出：语言能力是最重要的智力因素,"职业汉语能力"是最核心的职业能力,如今世界已经进入知识经济时代,职业汉语能力是几乎每个劳动者都需要具备的最重要的生存能力;而"文学汉语"则像"葬花"一样,是仅仅属于一部分人的奢华游戏。

　　具有审辩式思维的人能够理解,基于不同的前提假设和个人偏好,对"语文"可以存在多种不同的理解。

示例三 是否恢复高考全国统一命题？

搜狐教育频道和21世纪教育研究院曾联合进行了一次关于深化高考制度改革的公众问卷调查，收到了5 955份有效的调查问卷。调查结果显示，80％的人主张取消近年在高考中采用的"分省命题"，恢复全国统一命题；只有20％的人同意继续采用分省命题。

2014年7月，在搜狐网教育频道和21世纪教育研究院联合举办的"掷地有声"名家沙龙活动中，21世纪教育研究院院长、北京理工大学教授杨东平和西安交通大学副校长席酉民主张取消近年来在高考中采用的"分省命题"，恢复全国统一命题。他们认为，全国统一命题更加公平、公正、透明。如果实现了全国统一命题，异地高考的问题就迎刃而解。从全世界范围来看，没有一个国家级的考试不是采取统一命题的。英国、俄罗斯等都是统一命题。美国的SAT面向全世界的考生，不会单独给内地的考生、香港考生设计一套考题，考试必须一视同仁。统一考试是大规模考试的基本规律。考试应该是统一的，但大学在录取时可以考虑地区之间的差异，对不同地区的考生可以差别对待。事实上，在分省命题的16个省中，除江苏、浙江、上海、北京等少数几个省市，大多数都希望恢复教育部统一命题，本省命题成本很高、水平很差，专业能力跟不上。

中国教育科学研究院研究员储朝晖不同意恢复统一命题。他认为，全国范围内的统一考试是违背人的基本特性的。人是有差异的，地区差异也是很大的。如果出一张卷子全国来考，首先要问这个卷子谁来出？如果出卷子的人集中在一些大城市，集中在一些好学校，尽管他们不会泄密，但他们会知道应该怎么复习、怎么应试，这肯定对一些教育不发达的地区不利。在地区发展存在差异的条件下，全国统一命题表面上看来很公平，事实上可能是不公平的。SAT或者托福已经解决了考试分数的等值问题，在技术上没有解决分数等值问题之前，不能够进行统一的考试。

"分省命题"是一个长期争论的话题。采用分省命题的考虑包括：

降低考试的安全风险,近千万人考试,上万个考点,几十万个考场,一旦出现安全纰漏,考前泄题,后果难以设想;在考试命题中引入一定的竞争机制和优化机制,考试指挥棒不能仅仅握在少数几个人手中,可以允许不同的教师尝试不同的命题思路,鼓励更多人在改进考试方面进行探索和尝试;命题一旦形成定势,靠自身很难突破,需要借助外力的冲击才能得到改进;将根据地区差异对录取分数进行调节的权力交给大学录取教师,在中国目前的信用环境下扩大了权钱的运作空间;淡化了地区间的分数差异,统一命题时,山东、湖北的一本线高出北京约 100 分,明显不公平,成为社会不稳定因素之一;等等。反对分省命题的考虑包括:部分省市缺乏命题方面的人才和经验,命题质量太差;高考是对不同地区教育发展水平最有效的监测,分省命题使高考失去了这一功能;等等。

何去何从,还有待进一步探索。

示例四　是否将英语纳入高考必考科目？

党的十八大三中全会通过的《中共中央关于全面深化改革若干重大问题的决定》第 42 条写道："推进考试招生制度改革，探索招生和考试相对分离、学生考试多次选择、学校依法自主招生、专业机构组织实施、政府宏观管理、社会参与监督的运行机制，从根本上解决一考定终身的弊端。……探索全国统考减少科目、不分文理科、外语等科目社会化考试和一年多考。"

"外语"是三中全会《决定》中提到的唯一原高考科目。

如果不出意外，英语科目将成为变动最明显的考试科目，将实现社会化考试，将实现多次考试。《决定》中提到了"全国统考减少科目"，外语应否成为被"减少"的科目之一呢？

一些人不赞成继续将英语作为高考的必考科目。他们对中国教育的基本判断是：中国在大众教育方面是很成功的，比包括美国在内的许多西方国家都成功。中国教育的问题主要在创新性优秀人才的培养方面。中国教育在"一个都不能少"方面成绩是巨大的，在"一个都出不来"方面问题是严重的。

他们对现行考试评价制度的基本判断是：中国的高考是世界上最公平的考试之一。虽然存在一些需要改进完善之处，但高考在公平、公正方面问题不大。"不公平"不是进行改革的原因。经过 30 年持续的高考改革，高考的"高分低能"现象也已经不算普遍。高考在为大学招生服务方面没有大的问题，问题在于对基础教育的导向。现行考试评价方式对基础教育产生了两个重要的负面导向作用，一个是冲击了儿童健全人格的发展，几乎摧毁了教育的"传道"功能；一个是扼杀了儿童的好奇心和与生俱来的创造性，用外在的功利动机取代了基于好奇心的内在的探索和学习的动机，不利于儿童审辩式思维的发展。

基于这样的基本判断，他们认为，在学生完成了义务教育以后，应该给他们更多的个性发展空间。他们认为，"人的全面发展"与"人的充分发展"是矛盾的。"世界冠军"大多发展不够全面。在"全面发展"的问题上,我们需要对义务教育和后义务教育进行区分。在义务教育阶段,需要强调"人的全面发展",需要强调培养具有必要道德、能力和知识水准的公民。在后义务教育阶段,可以为学生留出更多的"充分发展"空间。在义务教育阶段,我们可以在尊重孩子的个性和兴趣的前提下适当地强调"全面发展",在后义务教育阶段,为了使优秀人才能够得到充分发展,我们需要更多地尊重孩子的个性和兴趣,需要对学生的个性发展给予更多的鼓励,可以容忍甚至鼓励一些人的"片面发展",可以容忍甚至鼓励一些"怪才""偏才"。

另一些人认为,在国际化的 21 世纪,在信息技术使世界变为"地球村"的今天,一个合格的世界公民需要至少掌握一门外语。尽管许多人在未来的工作中不一定会直接使用外语,但至少掌握一门外语可以扩大一个人的国际视野,提高一个人的跨文化交际能力,这是非常重要的。

示例五 如何看待衡水中学模式?

"衡水中学模式"是好的教育方式吗?对于这个问题,并没有唯一的标准答案。对这个问题,需要进行审辩式论证。是否值得提倡?是否值得效仿?这取决于学生表现在智力和人格气质方面的个性特征。对于那些智力水平较弱、好奇心较弱的孩子,这确实是一种好的教育方式。衡水中学这种"严格管理、强化激励、考试约束"的教育方式,确实可以帮助许多中下的孩子成为中上,帮助许多可能掉队的孩子避免掉队,实现"一个都不能少"的教育理想。对于那些智力水平较高、好奇心较强的孩子,这或许不是一种好的教学方式。对于这样的孩子,或许像北京十一学校那种充分尊重学生个性、学生高度自治、宽松自由的教育方式更合适。这种方式,可以使孩子的好奇心和创造力得到保护,使孩子的质疑精神得到鼓励,有助于创新型人才的成长(参看《中国青年报》2012年6月18日第12版和2014年11月24日第3版)。

"衡水模式"与"十一模式"基于不同的基本假设之上。"衡中模式"的基本假设是"并非所有的孩子都爱学习",因此,需要纪律,需要约束。"十一模式"的基本假设是"所有的孩子都爱学习",因此,应该给学生自由,应该让学生自治。

是否所有的孩子都爱学习?这个问题也没有唯一的标准答案,具有不同个人倾向的家长,可以做出将孩子送入"十一"或"衡中"的决策。

今天,许多家长问我:是否应尽早把孩子送到国外接受基础教育?这个问题,与"将孩子送入十一学校还是衡水中学"是类似的问题,也需要进行审辩式论证。对于那些智力水平较高、好奇心较强的孩子,最好尽早送到国外学习;对于那些智力水平平平、好奇心平平的孩子,不必如此劳神破财。劳神破财的结果甚至可能是适得其反。留在国内,送入"衡水中学",可能将他们从"中等"训练为"中上";送到国外,在缺乏纪律约束和考试约束的环境中,他们完全可能由"中等"沦为"中下",甚至沦为"下下"。

示例六　怎样对待上课看微信的学生？

微信在这样短的时间内就成为我们必不可少的交流工具，出乎多数人的想象。借助微信，许多从未使用过电脑和接触过键盘、鼠标的农民和老人，一下子就进入了"移动互联"的时代。这种社会生产和生活方式的快速变化，是 21 世纪的突出特征，也是 21 世纪与 20 世纪的明显差别。在快速变化的 21 世纪中，审辩式思维是一个人最重要的职业核心胜任力和职业竞争力。

一个青年教师问我："上课时学生低头看微信、发微信，怎么办？"

审辩式思维者的突出特点是"不懈质疑"。由于习惯于"不懈质疑"，我会问他：

你的课是必修课还是选修课？

你每次上课点名吗？

学生一定要来听课吗？学生可以自学吗？

一堂课上你讲课的时间占多大比例？100％？50％？25％？

你讲授的内容一定需要讲吗？学生是否可以自学？学生是否可以通过阅读相关资料自己掌握？

你的课上是否有课堂讨论？

你的课能否以预习（资料阅读）、学生展示（讨论）、答疑的方式进行？

如果课上有课堂讨论，是否允许学生用手机来搜索必要的资料？学生是否需要用手机搜索必要的资料？

你怎样进行课程考试？

在课程的成绩评定中包含平时的出勤和课堂表现吗？

学生是偶尔低头看一下还是一直在低头看？

……

"这取决于"（It depends on）是审辩式思维的"四字真言"。具有审辩式思维的助学者理解，学生在课堂上看微信的原因有多种：可能是教师的讲授太乏味；可能是有的学生已经掌握了教师讲授的内容；可能是有的学生对某些课程内容没兴趣；可能是学生在思考课程中的一个难题,他正在借助手机搜索相关资料;可能是他的一位家人从外地来北京,他正在通过微信给来人指路;可能是在玩游戏;可能在微信上与朋友闲聊天;可能是在通过手机炒股票;等等。取决于学生看手机的不同原因,助学者可以做出不同的决策和行动:可以改进自己的讲授,可以把课堂交还给学生,可以视而不见,可以给予一个提醒性的眼神注视,可以给予一个轻声提醒,可以给予大声棒喝,可以赶出教室……具有审辩式思维的助学者理解,在"课上看手机"这一现象的背后,没有"本质"。

1964年6月4日,毛泽东在与他的外甥女王海蓉谈话时说:"教员要少讲,要让学生自己多看。"

1964年6月8日,毛泽东在中共中央工作会议上讲:"要自学,靠自己学……现在大学不发讲义,教员念,叫学生死抄。为什么不发讲义?……应该印出来叫学生看、研究。你应该少讲几句!主要是学生看材料,把材料给人家。材料不只发一方面的,两方面的都要发。……写了就不要讲了,书发给你们,让你们自己看。"

几天以后,7月5日,毛泽东在与侄子毛远新谈话时说:"你们的教学就是灌,天天上课,有那么多可讲的?教员应该把讲稿印发给你们。怕什么?应该让学生自己去研究讲稿。讲稿还对学生保密?到了讲堂上才让学生抄,把学生束缚死了。大学生,尤其是高年级,主要是自己研究问题,讲那么多干什么?……高年级学生提出的问题,教员能回答50%,其他的说不知道,和学生一起商量,这就是不错的了。不要装着样子去吓唬人。"

我本人曾经参观过大胆尝试教学改革的江苏省洋思中学和山东省杜郎口中学,在那里听过课。这两所中学都限制教师在课堂上的讲课时间。在一堂40分钟的课上,要求教师的讲课时间不能超过15分钟。课堂的大部分时间要留给学生展示自己的学习收获,留给学生们思考和讨论学习中的问题。

在我本人20多年的教学生涯中,我在课堂上基本是一个人唱"独角戏",一个人表演。直到我退休前的几年,我才将课堂还给了学生,使学生成为课堂上的主角。课堂变成了学生的"多角戏",成为学生展示自己学习心得的场所,成为学生深入讨论问题的场所,成为学生唇枪舌剑、思想交锋的场所。在论证和辩论的过程中,学生可以随时从网络上或从自己的硬盘中搜索或调取资料,支持自己的观点,反驳对方的观点。

我将课堂还给学生是基于我关于助学的一些新认识。第一,我认识到,对于学生的学习,重要的并不是掌握那些特定的专业知识,而是发展学生的口头和书面表达能力、分析性推理能力和审辩式思维,是发展学生的这些职业核心能力。第二,我认识到,我曾经很看重的那些专业知识实际上并不像我想象的那么重要,对于一些学生可能永远用不上,有些内容很快就会变得陈旧。第三,当我为学生提供了足够的阅读材料和参考资料以后,我曾经讲授的那些内容,学生大多可以通过自己阅读和互相讨论而掌握。

如果你上课并不点名,如果你允许学生不来听课,通过自学来完成这门课程的学习;那么,就不能允许学生在课堂上长时间低头看手机。学生可以不来上课,来了之后却不认真听课,是对教师的不尊重。对此,应该给予提醒和批评。

如果你发现学生上课时在手机上聊天、玩游戏或炒股票,你应给予严厉的批评。

怎样对待上课看微信的学生?综上所述,具有审辩式思维的人能够理解,这个问题并不存在唯一的正确答案。

参 考 文 献

陈志武(2008),教育不转型,国家只能卖苦力,广州:南都周刊,2008 年:
　　总253 期。

邓小平,邓小平文选(第三卷),人民出版社,1993 年,第 64 页。

杜国平(2014),审辩式思维辨析,重庆理工大学学报(社会科学),2014
　　年第 9 期,第 1—5 页。

恩格斯,自然辩证法[M],人民出版社,1972 年,第 206 页。

恩格斯(1890),致康德拉·施密特,马克思恩格斯全集(第 37 卷)[M],
　　人民出版社,1965 年,第 489 页。

胡明扬(2007),语言知识与语言能力,语言文字研究,2007 年第 3 期,第
　　5—9 页。

霍金(1988),时间简史,许明贤、吴忠超译,湖南科学技术出版社,
　　2002 年。

霍金(2010),大设计,吴忠超译,湖南科学技术出版社,2011 年。

杰弗里·雷蒙(2013),我们不是要告诉你们某个正确答案,中国青年报,
　　2013 年 8 月 13 日。

库恩(1977),必要的张力,范岱年、纪树立译,北京大学出版社,2004 年。

李克强(2013),在经济形势座谈会上的谈话,人民日报,2013 年 7 月
　　17 日。

刘欧(2010),美国核心教育成果为重心的高等教育评估,中国考试,2010
　　年第 5 期,第 31—36 页。

刘葳(2014),审辩式思维能力的培养与训练,内蒙古教育,2014 年第 10
　　期,第 12—14 页。

刘葳(2014),审辩式思维能力的评估与测试,内蒙古教育,2014 年第 11
　　期,第 10—13 页。

刘葳(2014),审辩式思维教育具有现实意义,内蒙古教育,2014 年第 12
　　期,第 13—14 页。

毛泽东(1921),湖南自修大学创立宣言//中国共产党干部教育世纪历
　　程,北京:党建读物出版社,2013 年,第 26—27 页。

牟宗三、徐复观、张君劢、唐君毅(1958),为中国文化敬告世界人士宣言,
　　香港:民主评论,1958 年第 1 期。

图尔敏(1982),逻辑与论证评价——在密西根大学的演讲,谢耘译,工业
　　和信息化教育,2015 年第 7 期。

肖洁(2013),中科院颁发各类奖学金奖教金白春礼致辞强调:审辩式思
　　维教育至关重要,中国科学报,2013 年 11 月 20 日。

习近平(2012),在广州主持召开经济工作座谈会上的谈话,人民日报,
　　2012 年 12 月 11 日。

习近平(2014),在两院院士大会上的讲话,人民日报,2014 年 6 月
　　10 日。

谢小庆(1988),心理测量学讲义[M],华中师范大学出版社,1988 年,第
　　156 页。

谢小庆(2009),公务员录用考试面临挑战,人力资源,2009 年第 3 期。

谢小庆(2012),公务员录用考试怎样应对挑战,人力资源,2012 年第
　　2 期。

谢小庆(2013),效度概念发展与评价范式转变:从库恩和波普尔到图尔
　　敏的科学哲学演进,湖北招生考试,2013 年 10 月号。

谢小庆(2013),教育测量:从数学模型到法学模型,招生考试研究,2013
　　年第 3 辑。

谢小庆(2013),推敲 5 个"学习革命"的关键词,人力资源,2013 年第
　　8 期。

谢小庆(2014),审辩式思维能力及其测量,中国考试,2014 年第 3 期。

谢小庆(2014),创新性人才的关键是批判式思维,中国科学报,2014 年 2
　　月 14 日。

谢小庆(2014),怎样培养青少年解决问题能力,中国科学报,2014 年 5 月 9 日。

谢小庆(2014),探索审辩式思维,中国科学报,2014 年 6 月 20 日。

谢小庆(2014),审辩式思维在创造力发展中的重要性,内蒙古教育,2014 年第 6 期。

谢小庆(2015),关于审辩式思维教学与测试的共识,湖北招生考试,2015 年第 3 期。

谢小庆(2015),以审辩式思维坚持自己的真理,当代教育家,2015 年第 10 期。

谢小庆、刘慧(2015),《华生-格拉瑟审辩式思维测试》简介,内蒙古教育,2015 年第 11 期。

American Educational Research Association: *Standards for Educational and Psychological Testing* (*5th edition*) [M], Washington, D. C. : AERA, 1985.

American Educational Research Association: *Standards for Educational and Psychological Testing* (*6th edition*) [M], Washington, D. C. : AERA, 1999.

Brennan, R. L. , ed. : *Educational Measurement* (*4th edition*) [C], Washington, D. C. : American Council on Education/Praeger, 2006.

Facione, P. A. : *The Delphi Report — Critical Thinking: A Statement of Expert Consensus for Purposes of Educational Assessment and Instruction*, The California Academic Press, 1990.

Glaser, Edward Maynard: *An Experiment in the Development of Critical Thinking*, Teachers College, Columbia University, 1941.

Linn, R. L. , ed. : *Educational Measurement* (*3rd edition*) [C], Washington, D. C. : American Council on Education/ORYX Press, 1993.

图书在版编目（CIP）数据

审辩式思维 / 谢小庆著. — 上海：学林出版社，
2016.6
ISBN 978-7-5486-1039-7

Ⅰ.①审… Ⅱ.①谢… Ⅲ.①思维能力-教学研究
Ⅳ.①B842.5-42

中国版本图书馆CIP数据核字（2016）第103740号

责任编辑 李晓梅
封面设计 仲昭宇

审辩式思维
谢小庆　著

出　　版　学林出版社
　　　　　（201101　上海市闵行区号景路159弄C座）
发　　行　上海人民出版社发行中心
　　　　　（201101　上海市闵行区号景路159弄C座）
印　　刷　丹阳兴华印务有限公司
开　　本　640×965　1/16
印　　张　11
字　　数　16万
版　　次　2016年6月第1版
印　　次　2022年1月第8次印刷
ISBN 978-7-5486-1039-7/B・39
定　　价　32.00元